藝術市場7日遊

SEVEN DAYS IN THE ART WORLD

SEVEN DAYS IN THE ART WORLD

Sarah Thornton
莎拉·桑頓 著
李巧云 譯

I

THE AUCTION

藝術拍賣會

「碰」的一槌，象徵每一件藝術拍賣的句點；有時一分半鐘，就可以定槌決定一件藝術品的價格。

單單一幅藝術品的拍賣，彷彿就將藝術市場的誘惑與暴力展現無遺。

大部分藝術家從未參加過藝術拍賣會；在拍賣世界中，只有「估價」沒有「評價」。他們說：「好的巴斯奇亞（Basquiat）作品，必須是已經去世的巴斯奇亞在一九八二或八三年所創作；畫裡必須有一個頭、一個冠，色彩也必須是紅色的……」

瑪琳．杜瑪（Marlene Dumas）能夠成為當代還活著的「百萬女畫家」，全看收藏家有多瘋狂地投入。

一幅原預估值三十萬美元的作品，最後以一百一十萬定槌成交！

民眾駐足觀賞巴斯奇亞的畫作《The Field Next to the Other Road》。© 達志影像

杜瑪的畫作《Black Jesus Man》。© 達志影像

麥卡錫的雕塑作品《Michael Jackson with Bubbles》。© 達志影像

2

THE CRIT

藝術批評課

波頓《地獄新娘》的電影劇照。© 達志影像

「畢業後的出路是什麼？」是許多學藝術的人會面對的難題。

若以為進了名校之後前途就會一帆風順，十之有九可能會大失所望。

鬼才導演提姆・波頓（Tim Burton）是極少數的幸運兒，有幸在加州藝術學院學習時就得到迪士尼的獎學金，而正式成為迪士尼的動畫師。其餘絕大多數藝術院校生的創作之路，可能就坎坷多了。例如以影像藝術與雕刻見長的藝術家保羅・麥卡錫（Paul McCarthy）長期受埋沒，苦熬二十幾年才獲肯定。

歐洛茲科的作品《La DS》。
© 達志影像

3

THE FAIR

巴塞爾藝術博覽會

赫斯特的作品《巨鯊》。© 達志影像

在巴塞爾博覽會，看不見藝術家的身影，倒是收藏家到處可見。

價格是不能公開的祕密，而是透過貼身擁抱與私語，在交易商與收藏家的四耳中傳遞。

佳士得專家艾美・卡培拉佐（Amy Cappellazzo），就是如此購得了墨西哥藝術家賈伯列・歐洛茲科（Gabriel Orozco）的作品。

但在媒體密布的文化中，實際成交價和公關成交價是有差別的。如達明・赫斯特（Damien Hirst）的《巨鯊》，買主出價是一千二百萬美元，然而實際的數字只有八千萬美元。

有時重要的收藏不是無端突起，而是刻意製造出來的。

華倫的雕塑作品《Dou Dou Che》。© 達志影像

4

THE PRIZE

「泰納獎」決選

入圍泰納獎決選的藝術品種類不一，就有如蘋果、橘子、自行車與葡萄架之間的比較。

二〇〇六年的泰納獎決選，入選者之一是雕塑家莉貝卡．華倫（Rebecca Warren）；此外，亦有畫風部分承襲自俄羅斯抽象畫家瓦斯里．康丁斯基（Wassily Kandinsky）的湯瑪．艾柏茲（Tomma Abts）、以多媒體素材創作的馬可．提奇納（Mark Titchner），與專門從事錄影創作的菲爾．柯林斯（Phil Collins）。

評審團的主席坦言：「要在不同類別的藝術家中區分高下，其實不太公平。而在泰納獎二十三年的歷史中，前十年沒有任何女性得獎，過去十三年才有兩位女性出線，前後的確有所不同。」

泰德英國美術館。© 達志影像

5

THE MAGAZINE

《藝術論壇》雜誌

《藝術論壇》（Artforum）有點像泰納獎，能夠登上它的封面，對藝術家的創作生涯有著極大的影響。

美術主編羅根說：「我們時不時就會冒險把封面留給年輕的藝術家，但我們也不會把珍貴的封面留給沒有一點耐久力的人。」

近年來《藝術論壇》最常被人談起的封面之一是，五十五歲的「藝術家中的藝術家」克里斯多福・威廉斯（Christopher Williams）的「雙連照」。

威廉斯說：「照片在《藝術論壇》出現前，我感覺到有事有發生，但真的登出後，的確帶來很大的改變。突然之間收藏家與美術館的人都對我另眼相看。」

《藝術論壇》雜誌、《弗列茲》(Frieze)藝術雜誌與《藝術新聞》(ARTnews)雜誌。© LIN CHINHUA 攝

6

THE STUDIO VISIT

村上隆工作坊

村上隆與他的「怪怪」小白兔與「奇奇」粉紅鼠。© 達志影像

村上隆，一個極其複雜但不孤芳自賞的人。他最知名的委託性創作，是為奢侈品巨擘路易．威登（Louis Vuitton）設計的皮包。他的創作充滿所謂的「超扁平動漫風」，目的即在泯除藝術與奢侈品之間、高雅與通俗文化之間的差異。

他經營的「怪怪奇奇」(Kaikai Kiki Co. Ltd) 公司，不僅創造藝術，也設計商品；「怪怪」是溫和可愛的小白兔，「奇奇」是有著兩只尖牙的三眼粉紅鼠。

而被稱為「喜悅之花」(Flower of Joy）的畫作，共有八十五幅，更曾在高古軒的畫廊中，以每件九萬美元的售價賣出五十幅。

村上隆最負盛名的 Mr. DOB 角色。© 達志影像

在威尼多區飲用了一杯貝里尼雞尾酒後，威尼斯雙年展可說就此展開了。在雙年展中，「你是在為尋找新傑作跑馬拉松，你希望看見一張新面孔並愛上它。」因參加在龐畢度中心舉辦的展覽後，才大放異彩的剛果畫家薛力・森巴（Cheri Samba），他用畫筆畫出生活中所見的風俗習慣、迷信矛盾，是整個非洲最著名的社會改良藝術家。

魁北克藝術家大衛・艾美吉（David Altmejd）的作品《洞穴》（The Cave），則運用高聳的柱狀玻璃，折射出附近的形體。

雙年展不只是個兩年一次的展覽而已，而是要能抗拒最新的盲目風潮，抓住一個全球性的藝術時刻。

7

THE BIENNALE

威尼斯雙年展

森巴的畫作《Painters in a Hallway》。© 達志影像

艾美吉《洞穴》作品中的柱狀玻璃，與查爾斯・雷（Charles Ray）《Revolution Counter-Revolution》作品中的旋轉木馬。© 達志影像

© 達志影像

當話聲已歇、人潮散去時，能夠站在滿室的藝術品當中，

的確是一種幸福。——— 莎拉・桑頓

“When the talk dies down and the crowds go home, it’s bliss to stand in a room full of good art.”

—Sarah Thornton

藝術市場七日遊

推薦序❶

從關鍵角色了解藝術市場的瘋狂—郭倩如

藝術世界是一個複雜、詭異、多變卻極為迷人的世界，我到全世界尋找藝術品，蒐集精美的藝術書籍，其中也包括關於藝術市場不同面向的書。當我第一次讀到這本書，真是雀躍不已，終於有人清楚地將藝術世界的關鍵角色，忠實地記錄分析。

藝術市場包括了藝術家、策展人、藝評家、藝廊、拍賣公司等六大角色，這些角色決定了藝術品的價格與價值，再經由收藏家、美術館與各種展覽，肯定與接受其價值與價格。這些角色的互動過程，建立出一個精采又無與倫比的藝術世界。藝術家希望得到重要收藏家、大美術館的青睞；策展人需要藝評家們為展覽選擇的藝術品美言；藝廊與拍賣公司則透過收藏家與藝術品的交流，為其訂出有形的價格；而收藏家又藉由策展人、美術館為藝術品提高無形的價值。這一連串錯綜複雜的關係，交織出幾千年以來人類文明產物下的藝術世界。

我常常跟藝術家相處，「既期待又怕受傷害」是他們的共通特性。藝術家有著與生俱來敏感的心靈，他們必須時常跟自己相處、跟自己對話、想辦法超越自己。要有好作品，這是必經且深刻的過程，且做起來並不容易—面對自己是無法逃避、毫無遮掩的。透過這樣的省思，他才能夠經由藝術的途徑表達所思，讓觀眾分享他們的感受。基本上，當藝術品完成時，藝術家就完成他的表達，再要他們以語言形式再度重現，無論對藝評家甚至藝術家本人都極為困難。

收藏家則是與藝術家對立的角色，只是收藏家總是不自覺地以為自己是站在藝術家這邊的，收藏家喜歡與藝術家對話，企圖從藝術家口中了解自己對藝術品的詮釋是否正確（而藝術家最不喜歡，也最不自在的事就是談論自己的作品），或是看看藝術家下一步走向，是否對藝術品的價值有加分作用。而收藏家一旦從其中獲利，並得到相當大的自我肯定之後，常常喜歡跨界扮演起藝術世界中的其他角色，例如藝廊老闆、策展人等。對於原置身於藝術市場中的人士，常常覺得非常吊詭，心中也暗暗不看好，但是這些跨界的收藏家們，卻也能從非常軌中獲得成功。

二〇〇八年春拍，當代藝術家培根（Francis Bacon）以一九七六年所做之三連幅作品《Triptych 1976》拍出八千六百三十萬美元，這是當代藝術家的最高價；二〇一〇年春天拍賣場上又再次創造世界藝術品的紀錄：畢卡索（Pablo Picasso）一九三二年的畫作《Nude, Green Leaves and Bust》拍出一億零六百五十萬美元的天價，無疑也促使市場更加瘋狂。作者從藝術世界最核心的關鍵角色，一一觀察與介紹，是了解這個世界最好的入門導讀。

（本文作者為羅芙奧藝術集團副董事長）

藝術世界的造神運動——漢寶德

這本書的作者是以專業記者的身分，探索了當代藝術市場的種種面向，使我們對這個神聖又神祕、介乎精神與商品之間的領域，得到明確的概念。在物質生活水準不斷提昇，精神滿足的需求水漲船高的今天，現代的知識分子對這個被認為代表高雅精神活動的藝術世界，確有深入了解的必要。

我們常聽說藝術是無價的。這是什麼意思？無價可以解釋為不能以價格來衡量的。真正的藝術品擴大、提高世人的精神境界，是無法用金錢來訂價的。然而也可以說，藝術是天才對社會偉大的貢獻，再昂貴也是值得的。因此藝術品並沒有價值標準，多少錢都值得，一切只看想要擁有者內心的判斷。可是也有另一個極端的解釋：對於毫無興趣的觀眾，藝術品是一文不值的。

我們似乎都接受了這些觀念，所以每看到媒體報導，某位藝術家的作品在拍賣場中賣出天文數字的高價，反應是多元的。大多數人的反應是漠然的。他們只是好奇，有這樣好的東西嗎？有這個價值嗎？又有人在炒作嗎？有錢沒處花了嗎？都是可能的反應。總之，除了極少數經常出入拍賣場的收藏家與畫商之外，大多數人的眼裡，這個市場是一團迷霧。當然了，對於一般大眾，即使是美術館的展覽，也沒有多少吸引力，除非是教科書上的名家作品。

無可否認的是，經過若干世紀文明世界的推崇，藝術已被放在神人之間的崇高位置。我們的教育體系即使沒有傳授給我們欣賞的能力，卻把這個觀念根深柢固地安植在我們心中，因此不懂或參不透藝術價值的人只能自慚形穢。對於成功的藝術家，我們只有崇拜、讚嘆。那個地位，歷經艱辛而得到，是可望而不可即的。所以有錢的人捧著美金去搶購，是高品味的地位象徵。

這一切原本都是自然的。可是自從上世紀八〇年代以來，藝術的共通價值被否定了。美感不再是藝術的共信基礎，藝術成為藝術家海闊天空隨意創作的東西，他想什麼就可以做什麼。他的創作是否為藝術，或在藝術界的地位為何，完全看他個人的信仰與信心，以及他的運氣。在這個撲朔迷離的時代，有一種人物是不可少的，那就是藝術批評家。藝術既失去了既定的標準，又只表現了藝術家的內心世界，它對我們有什麼意義，為什麼受我們崇拜，就必須有教會牧師一樣的人來告訴我們。社會大眾如同教會的信眾，要很虔誠地聽他說教，才能若有所感。不用說，藝評家是多數的，如同宗教是多數的，你可以選擇它所相信的指引者，找到崇拜與讚揚的對象。

我們到哪裡找到這些牧師？在藝術界，要先找到出版物。藝評家的言論在藝術評論雜誌上發表，因此藝評雜誌就成為藝術迷霧中的明燈。他們是藝術與大眾間，也就是收藏家們的中介者。怎麼維持中介者的公正形象，使我們相信它印出的評論都是真心話，沒有商業利益在內，是藝評家與刊物的權威性建立的基礎。他們是領導風潮的人，也是製造英雄、塑造神祇的人。

為了造神，藝術界想出另一種機制，那就是國際性的藝術獎。由幾位藝評家擔任評審，由有錢人出一點獎金，每年拱出戴桂冠的藝術家。這是認定天才的證書，也是在市場上成功的保證書。這樣的機制，就要結合學術界、媒體界與畫廊的力量，共同來維護一種新時代的價值，最後落實到金錢價格上。沒有人承認是為商業服務，包括畫廊在內，因此每一個人都是道貌岸然的，但大家最後仍然不得不瞟向拍賣場上的成果。

這本書有趣之處，正是用一種超然的態度記錄、觀察了當代藝術市場整個生態體系中的真實。甚至連在藝術學院的學習過程也不放過。藝術學院的學生要怎麼努力，才能使自己的一生登上這條光彩的大道呢？有多少學生在教師的帶領下，創造出自己的風格，又得到藝評家的掌聲呢？而本書作者很誠實地告訴我們，富有階級的劣根性、拍賣場上的競爭、氣氛的營造，是拍賣官對收藏家心理充分掌握的結果。因此價格與價值是不相關的。

但是藝術市場這種資產階級的感性遊戲，對於藝術的社會影響力有沒有正面的影響呢？我們會變得更有品味嗎？還是會使我們對當代藝術敬而遠之呢？就有待本書的讀者細心地思考了。

總之，這是一本藝術市場生態的報告，很有看頭。

（本文作者為已故國寶級建築師漢寶德　生前專文評論）

從藝術產業的價格，看出人性價值的落點——鄭乃銘

藝術產業，說穿了，就是一個外表優雅、內底充滿虛假的社會縮影。

作者桑頓擁有藝術史學的背景，但卻還有社會學博士學位，如此的背景，非常吻合現階段對於當代藝術能夠跳脫上個世紀詮釋的唯一入徑方式，而能貼合當代藝術與現在生活的節奏起伏。我始終覺得，從史學觀點來談藝術，固然是個極正統也行之有年的方法，但不應該是唯一。藝術的發展，基本上是立基於社會、放之於人類學的進展，而不是純然從創作與技法來為藝術表現劃分界線。

桑頓在她這本書裡，展現了一種彷若電影多元不同時空的錯置手法，來引導出她所觀察到的藝術產業，這樣的書寫方式，非常跳Tone，但又非常吻合現代人運用電腦同時能夠開啟與進出不同視窗的型態。重要的是，她充分發揮自己社會學上的專精，來牽扯出在藝術方面的專業知識，以期讓讀者得以不是那麼制化地來認識藝術與當代藝術產業。

桑頓將她的書分成七個不一的視窗，每開啟一個視窗就等於帶領讀者進入一個藝術產業的祭檯，她讓自己退居到一個文字記錄（或類似一位藝文記者）的角色；極為充分地透過每一個祭檯上所出現的角色，來點破這個產業諸多曖昧與現實。這種多少帶有窺探隱私的八卦新聞方式，但又掌握住每個角色在現實當中的真確性，兩相衝撞的結果就淡化純然會被歸類到揭人隱私的藝術後設小說窠臼，而成為一種既寫實但又能散發出專業素養的「現實主義藝術書刊」。

比如說，她在拍賣公司的篇章裡，適度套用別人的話語點破「拍場，也就是一個高級殯儀館」，就頗令我噴飯。究其實，拍場文化絕對是個合法、最允許公開造價的場域。在過去的社會定義裡，拍賣，意味著減價、撿便宜。可是，現代社會在提到藝術拍賣會的時候，則與製造高價畫為等號；更露骨一點說，拍賣會在當代藝術範疇中，已經淪為一種新時代的藝術家造神祭壇！藝術本身的價值性，轉而在公開領域中締造，這與畢卡索那個時代相比，著實無法同日而語。作者不斷透過不同角色的進進出出，忠實地揭開西方已經徹底進化完成的藝術產業遊戲法則，相當貼近現實，但又都能在一個常規倫理中運轉，這點就不是現行亞洲當代藝術產業得以相提並論，也是亞洲藝術產業還需要長時間努力之處。

（本文作者為《當代藝術新聞》總編輯）

前言

《藝術市場七日遊》是一個時間膠囊，裡面包著的是藝術史上的一個輝煌時期。在過去八年，當代藝術市場蓬勃興盛；前往美術館參觀的人多了，放棄原來工作，改行專心從事藝術的人也多了。藝術世界不但擴張了，而且也運轉得更快；它變得更熾熱、更時髦，也更昂貴。全球經濟陷入衰退後，藝術投資熱雖然退燒，但藝術世界的深層結構與動力仍然存在。

當代藝術世界是個鬆散的網絡，許多互不相讓的次文化因為對藝術的信念而黏合在一起。這個網絡闊及全球，但以紐約、倫敦、洛杉磯與柏林此類藝術都會為集結中心；充滿活力的藝術社區同樣可在蘇格蘭的格拉斯哥、加拿大的溫哥華或義大利的米蘭這樣的都市中找得到，但後者之所以成為藝術之都，多半是因為英雄造時勢，若干在此工作的藝術家是刻意選擇以此為家。無論何者，在上一世紀，藝術世界先是靠巴黎後是紐約撐起天下，而二十一世紀的藝術世界遠比上一世紀有更多的重鎮。

各有位階差異的六種角色

藝術世界的圈內人平常有六種極為不同的角色可以讓他們扮演：藝術家、畫商、策展人、藝評家、收藏家與拍賣公司的專家。有時我們會遇見藝術家兼藝評家，或是畫商兼收藏家，不過他們承認雙重角色往往很難兼顧，而且，他們究竟扮演的是哪一種角色，通常要看別人怎麼看他們。要成為名利雙收的藝術家是最難的工作，經常得在各種要角中折衝尊俎的畫商，才是藝術世界中最具樞紐性的角色。出現本書數章中的畫商傑夫．波（Jeff Poe）認為：「藝術世界跟權力無關，它跟控制有關。權力可能流於粗俗，控制比較高明、更有針對性。它從藝術家開始，因為是藝術家的作品決定接下來的戲是如何演出；他們需要跟同台演出的人有誠實的對話。靠誠信斡旋，不動聲色地控制，才是藝術世界的真實圖畫。」

「藝術世界」的範圍要比「藝術市場」廣大得多。市場是指那些買賣藝術作品的人（也就是畫商、收藏家與藝術品拍賣公司），然而藝術世界的要角（亦即藝評家、策展人與藝術家本身）經常不會直接涉入這種商業活動。藝術世界指的是一個範圍，人不但在裡頭專心工作，也在裡頭長期居住，它是一個「象徵性的經濟體」，人們在其中交換思想、文化價值在裡頭受到辯論，並非單由粗暴的財富來決定。

雖然藝術世界經常被標榜是沒有階級的場面，來自中下階級背景的藝術家可以跟身價甚高的避險基金經理人、學者型策展人與時尚設計家共飲香檳，但若以為這個世界平等或民主，那你就錯了。藝術跟實驗與創意有關，但也跟卓越性與排他性有關。在一個人人都想出人頭地的社會中，它是一種會叫人自我陶醉或中毒的組合。

用湯姆・沃爾夫（Tom Wolfe）的話來說，藝術世界是一個「身分與地位的範疇」，內中角色的名氣、聲譽、教育、財富、收藏品的高低多寡，以及各自附屬的學術單位構成了各種階級，階級的等次經常是模糊不清與互相牴觸，裡頭也充滿自以為是的智慧與歷史重要性。我在漫遊藝術世界之際，總會對其中各種角色對其身分地位所表現出來的焦慮感到好笑；畫商對他們在藝術博覽會中的位置不滿、收藏家急切希望搶在他人之先看到新「傑作」，可能是最明顯的兩個例子，但沒有人例外。一如住在洛杉磯的藝術家約翰・鮑德薩利（John Baldessari）詼諧巧妙的譬喻：「藝術家非常自我，但表現方式隨著時代而不同。碰上堅持要告訴我他們履歷輝煌的人，我感覺非常厭煩。我常想掛徽章或彩帶也許就可以解決這個問題。如果有人蒙惠特尼雙年展（Whitney Biennial）青睞或在泰德美術館（the Tate）展出，可以在他穿的西裝上掛個徽章宣布，或像將軍一樣掛上星條，這樣每個人都知道他們的位階。」

如果藝術世界有什麼共同的信念原則，那便是藝術本身比其他什麼都重要。有些人對此是真正服膺，有些人認為是社會義務，不管是哪一種，藝術周遭被社會化了的世界經常會讓人感到嫌惡，認為它非關痛癢，而且是一種骯髒的污染。

一件藝術品的「製造」過程

我唸藝術史時，有幸能親炙許多近代作品，但對這些作品怎麼流傳、怎麼會受到藝評家的注意，又是怎麼進入展覽的領域，以及如何行銷、賣出與被人收藏，卻不是那麼清楚。如今，活著的藝術家作品已占據很大一部分藝術課程內容，我們有必要去了解他們的創作背景，以及藝術創作從畫室進入美術館永久收藏之間的「價值化」過程（當然藝術創作也有可能進入垃圾堆，或其他各式各樣的中途站）。在威尼斯雙年展一章有重要角色的策展人羅伯．史托爾（Robert Storr）告訴我：「美術館的功能是讓藝術再度『無價』。他們把藝術品拿出市場、放到一個地方，讓它成為人民共同財富的一部分。」我的研究發現，偉大的作品不僅是突然冒起來而已，而是「製造」出來的——不僅是由藝術家和他們的助理所創造，也是靠許多「支持」藝術品的畫商、策展人、藝評家與收藏家所共同造就。這並不是說藝術品本身並不偉大，也不是說進入美術館的收藏品不配在那裡；絕非如此。我只是要指出，我們對藝術世界的共同信仰並不像我們以為的那麼簡單，也不像我們以為的那麼神祕。

《藝術市場七日遊》中敘述的一個主題是，當代藝術已成為無神論者的某種另類宗教。藝術家法蘭西斯・培根（Francis Bacon）曾經說：「當『人』了解自己只是一項更大計畫中的一個『意外』或『偶然』後，他只能『自欺』或『自娛』一陣子。」他補充說：「繪畫，或者是所有的藝術形式，現在已完全成為一種世人賴以分散自我注意的遊戲，而藝術家要搞出點名堂，必須真正深化這項遊戲。」對藝術世界的許多圈內人與其他的藝術愛好者來說，觀點驅動的藝術是一種存在的管道，透過它，這些人可以找到生命的意義。這需要很大的信心，但也讓深信箇中道理的人有心血未曾枉費的成就感。一如教堂或其他宗教性集會場所的社會功能，藝術活動也讓人因為共同的興趣而產生一種共同體的感覺。在第五章出現的作家兼總編輯艾瑞克・班克斯（Eric Banks）認為，藝術世界中旺盛的社群性能具有一般人想不到的好處，他說：「人會談他們見過的藝術，如果我讀了一些書，比方說羅布托・波拉諾（Roberto Bolano）的著作好了，可是我發現想談的人並不多，因為光是閱讀就要花很長的時間，而且是一個人做的事，但藝術卻可快速地凝聚出無形的社群。」

儘管藝術有時孤芳自賞，因為藝術世界依賴共識，以及個人分析與批判的思考能力，一如任何有熱情跟隨者的社會團體。雖然藝術世界對反傳統極為尊崇，它也有約定俗成的一面。藝術家的創造必須「看起來像藝術」，其創作行為的方式也加深了外界對它的刻板認識；策展人會迎合同儕與美術館董事會的期待；收藏家會一窩蜂購買少數時髦藝術家的作品；藝評家會伸手去探風向好寫出言之有物的文章。藝術的原創性不見得會遇見知音賞識，可是有些人仍不吝勇於冒險與創新，也讓其餘的一切有了存在的理由。

藝術挑動了我們的思考

藝術市場的榮景是這本書的寫作背景。要問藝術市場為何在過去十年這樣興盛，我們可以從一個不同，但卻相關的問題開始探討：藝術為何變得如此流行？本書在行文當中不斷影射答案，但另外也提出若干假設，道出它們彼此之間的關聯。第一，我們比以前受到更好的教育（英美受過大學教育的人口比例過去二十年大幅增加），我們對文化上更複雜的東西比以前更有胃口。在理想的情況中，藝術可以在我們積極去設法欣賞的態度下，挑動思考。由於目前文化景觀中的若干層面似乎過於「簡化」，愈來愈多的群眾對會挑戰陳腐傳統的藝術領域，感覺格外有吸引力。第二，雖然我們比以前受過更多教育，我們的書卻讀得少了，我們的文化如今完全電視化或是受到YouTube主導。不過，雖然有人不滿這種「轉手的口述文化」，也有人認為這提升了視覺上的知識水平，更多人能從「觀瞻」中得到人生廣泛的知性樂趣。第三，在一個愈來愈全球化的世界，藝術打破了疆界，它可以當作一種法定語言與共同興趣，讓語言無法催生的文化，逐漸形成。

諷刺的是，藝術日受歡迎的另一個原因是它非常昂貴。高價位成為媒體的頭條新聞，而新聞也進一步造成藝術是奢侈品與身分象徵的觀念普及。在經濟興盛時期，最富裕的那一區塊人口比以前更加富裕，億萬富翁如雨後春筍般出現。用佳士得拍賣公司的專家艾美・卡培拉佐（Amy Cappellazzo）的話來說：「有了四棟房屋與一架G五型噴射機後，人還需要什麼？藝術可以豐富人生，人想去接觸。」不單蒐集，而且還囤積藝術的人，已經從幾百成長到幾千位。二〇〇七年，佳士得賣出了七百九十三件，每件都超過一百萬美元的作品，在文化資產可以複製的數位世界，絕無僅有的藝術品與不動產的價值旗鼓相當，都可被定位為固定資產，不會輕易消失。拍賣公司開始去接觸過去無緣購買藝術品的人，藝術品在眾目睽睽之下回鍋到市場銷售，也讓人看見藝術是一項絕佳的投資，可把「更大的變現」帶到市場。

牛市時許多人擔心藝術品在市場上不斷追高，使得藝術品問世後社會加諸藝術品的其他型式光環不再那麼鮮麗。如今經濟榮景不再，藝術品交易創下天價紀錄的例子有如鳳毛麟角，其他型式的回饋，例如肯定性的藝術評論、得到藝術獎項與在美術館舉辦展覽等，可能更有誘惑力，藝術家可能也不會一味為了求售而創作。即使是最在商言商的畫商也表示，金錢應該是藝術的副產品，而非藝術家的主要標的。如果我們要維持藝術與其他文化形式的差異性，以及其高於其他文化形式的地位，藝術創作必須有純正的動機，必須超越只知追求獲利。

藉「潛行的街貓」了解藝術世界

藝術世界的項目是如此分歧不透明，我們很難對它下綜合性概論，也幾乎不可能全面性涵蓋，而一般人要親近藝術，往往也是不得其門而入。我前往五個國家的六個城市採訪與研究，將所得的見聞分成七章來探討這些問題。每一章都是一天的生活敘述，希望讀者可以從中得到一種置身藝術世界的感受。每一則故事都是根據平均三十到四十次深度採訪，以及無數個小時的幕後「參與性觀察」寫成。雖然人常常用「牆上的蒼蠅」來形容不干預受訪人型態的紀錄，但對本書撰寫方式一個更切合的比喻是「潛行的街貓」；她充滿了好奇與互動，但絲毫沒有威脅性；偶爾會侵入，但更常被人忽略她的存在。

本書頭兩章是兩個對立的話題。「藝術拍賣會」那一章詳盡記錄紐約洛克菲勒中心佳士得的一個拍賣夜晚的活動。拍賣會通常不是藝術家會涉足的場合，而經常是藝術品的終點站，有人也以「殯儀館」一詞來形容。而相對地，「藝術批評」這章描寫的是加州藝術學院一門傳奇性討論課程的人生百態，在這個學術搖籃中，學生們搖身變為藝術家，學習使用這一行的詞彙。拍賣廳堂中的速度與財富，與充滿思潮與低預算的學院生活，兩者相差甚遠，但對了解藝術世界的運行，都有著重大關係。

同樣地，「博覽會」與「工作坊」也是兩個極端的對比；一個跟消費有關，一個跟生產有關。工作坊是了解一位藝術家的最佳地點，而藝術博覽會則是豪華的商展，川流不息的人潮與塞得滿滿的藝術品，讓參觀者很難專心觀賞任何一件特別的藝術創作。「博覽會」一章描述的是瑞士巴塞爾藝術博覽會（Art Basel）的開幕日，藝術世界的國際化與季節性因為它而蔚然成形。在巴塞爾博覽會讓人驚鴻一瞥的藝術家村上隆（Takashi Murakami），是「工作坊」一章的主角，該章記述的是他的三個工作場所與在日本的鑄模廠。村上的企業令安迪・沃荷（Andy Warhol）的「工廠」亦自嘆弗如，因為它不僅是村上創造藝術的場所，也是他戲劇化個人藝術意圖的舞台，以及他與國際策展人與畫商交易的平台。

第四章與第五章分別是「大獎」與「雜誌」，兩章的故事跟辯論、評審與藝術品的公開曝光有關。「大獎」一章調查英國藝術大獎「泰納獎」（Turner Prize）；評審團是如何在泰德英國美術館館長塞洛塔（Nicholas Serota）監督下，從四位極優秀的藝術家中選出一位，優勝者是如何透過全國電視轉播，走上講台，領取二萬五千英鎊的獎金。這一章檢視藝術家之間的競爭性質、得獎的榮譽對他們事業上有什麼作用，以及媒體與美術館之間的關係。

在「雜誌」那一章中，我探討的是藝術批評的功能與風骨。我從觀察藝術世界中最光鮮的專業雜誌《國際藝術論壇》（Artforum International）的編輯群開始，然後轉到跟《紐約時報》甚具影響力的藝評人蘿貝塔・史密斯（Roberta Smith）對話，接著又不請自去地出席藝術史學者的一項學術集會，調查他們的意見。本章的重點是研究，雜誌封面與報紙評論如何影響藝術與藝術家進入藝術史的紀年歷史。

最後一章「雙年展」的場景是在威尼斯，它在這類國際展當中，歷史最為悠久。威尼斯雙年展的經驗頗令人困惑；它感覺上是個供遊人參觀的假日展覽，但實際上卻是極為專業的活動，其中的社交意味又極為濃郁，讓人很難有時間去注意藝術本身。結果造成此章很大一部分篇幅在向策展人致敬，也反映出事後的回憶在了解當代藝術，以及「後見之明」在判斷什麼才是偉大的藝術上，是如何扮演吃重的角色。

雖然《藝術市場七日遊》提供的是一週旋風式的敘述，對我卻是一個漫長而緩慢的研究工作。為了其他民族誌性質的研究計畫，我曾以廣告公司的「品牌計畫人」身分為掩護，潛伏在倫敦舞池的夜世界。雖然我對這些場合的細節有高度興趣，終究還是厭倦了。然而，儘管我為這本書不知花了多少心血，對藝術世界的著迷仍是絲毫不減。當中的一個理由無疑是藝術世界極端複雜，而另一理由是，在這個領域中，工作與遊戲、地方與國際、文化與經濟的界線模糊不清。因為如此，我猜想它會決定未來群聚化世界的型態。即使許多圈內人非常厭惡藝術世界，我必須同意《藝術論壇》發行人查爾斯・顧里諾（Charles Guarino）對藝術世界的高見。他說：「我在這裡面找到最多志趣相投的人——很多怪胎、教育水平超高的人，或是既不合時宜又是無政府主義者，這些人足以讓我快樂一生。」最後我一定要說的是，當話聲已歇、人潮散去時，能夠站在滿室的藝術品當中，的確是一種幸福。

I

藝術拍賣會

The Auction

地點：紐約一時間：十一月的一個下午，四點四十五分左右。佳士得拍賣公司（Christie's）的首席拍賣官克里斯多福．柏哲（Christopher Burge）正在做音效檢查。五名工人跪在地上測量座椅與座椅之間的距離，好將諸多有錢有閒的藝術投資人盡可能容納於一室。大廳裡米色的布面牆壁上，掛的是畫家塞．湯布利（Cy Twombly）與艾德．魯夏（Ed Ruscha）等人的作品。不喜歡這種室內設計風格的人形容拍賣現場像「高級殯儀館」，欣賞的人則認為它充滿了五〇年代的現代復古風。

柏哲站在深色的木質講台後，操著他悠閒的英國腔，微笑著說：「一百一十萬美元；一百二十萬；一百三十萬！是電話競價的艾美女士出標；不是你，先生；也不是妳，夫人。」他繼續向空蕩的大廳喊價：「一百四十萬美元，是後面的那位女士競標出價；一百五十萬美元！謝謝您先生。」他又向此刻還未真正登場的電話熱線看了看，在實際拍賣展開後的兩個小時內，佳士得的員工會馬不停蹄、時時刻刻都在等人打電話進來競標與回應。柏哲耐心地等候，點頭證實電話競標者不會再抬高標價後，把眼光轉回廳內，好好對另外兩位想像中的買家做最後的心理評估。他用熱情的語氣詢問：「都出完價了嗎？我宣布以一百五十萬美元的價格，賣給走廊上的那位先生。」語畢，他將手中的拍賣槌急促地用力一敲，槌聲嚇了我一跳。

這「碰」的一聲，決定了裁判，也敲定了結果。它象徵每一件藝術拍賣品的最後句點，但對價格出得不夠高的人來說，這一槌也有點像懲罰。柏哲在拍賣過程中，曾以極含蓄的方式向買家拋出「胡蘿蔔」——「這幅獨一無二的藝術品有可能成為你的，它真是美麗無比；看看有多少人想要擁有；一起來競標！讓你的人生豐富起來，不要擔心錢的問題……」。然後在剎那之間，他對所有沒有標到的人打了一記「悶棍」，「胡蘿蔔」被出價最高的人標走。單單一幅藝術品的拍賣律動，彷彿就將藝術市場的誘惑與暴力展現無遺。

一個充滿災難及流血場面的競技場

這樣的大廳，往往是拍賣官要面對的舞台。在這個舞台上，拍賣官就像演員一樣，登台前經常感到焦慮；兩者都可能曾經夢到自己赤身裸體在舞台上被觀眾逮個正著。然而柏哲最常做的惡夢是，自己的拍賣筆記本突然變成了有字天書，他說：「舞台下面有成千上萬的人在鼓噪。對演員來說，惡夢是上場的時候到了，可是你就是沒有勇氣出去；對我來說，我不敢上台，是因為我分不清楚自己的筆記本中記的是什麼。」

許多人巴望可以一睹柏哲這本「祕笈」。它有點像拍賣會的劇本，而今天晚上，拍賣會的這個「劇本」長達六十四頁，每一頁負責一件要標售的藝術品；每一頁都包含加注了的座位表，說明誰坐在哪個位置、誰可能出價競標；也注明他們是不惜一擲千金的闊綽豪客，還是逢低才買進的精明買主。在每一頁上，柏哲也會注明未到場競標者願意出的價格、賣方的底線，以及有將近四成的標售藝術品賣方均能收到保證金或一筆錢，無論成交與否。

佳士得與蘇富比公司（Sotheby's）每年五月會在紐約舉行一次春拍、十一月舉行一次秋拍，另外在倫敦，每年的二月、六月與十月也都會各自舉行重要的當代藝術拍賣會；九八%的全球藝術拍賣市場，是由這兩家拍賣公司控制。「拍賣」（sale）這個字含示著「減價」與「便宜」，但事實上拍賣公司卻以創下最可能的高價為目標。正因為拍賣會上交易的數額近乎天文數字，藝術拍賣會成了上流社會一種讓人趨之若鶩的「觀賞性活動」。今天晚上要拍賣的藝術品估價從九萬美元到無限高，非尋常人所能負擔，因此拍賣會是拿到邀請函的「有力人士」才能參加。

柏哲說：「到了拍賣的時間，我就像箭在弦上蓄勢待發。我已經事先演練了五十次，幾乎快到發瘋的程度，且對各種可能發生的情況都事先有所準備。」柏哲邊說邊整理領帶，並拉平身上的西裝外套。他的髮型是那種不用多加形容的大眾化髮型，但是他清晰的口齒與內斂的手勢無懈可擊，更非常人可及。他表示：「在這種傍晚的拍賣會上，出席者其實有潛在的敵意，他們像羅馬競技場上的觀眾，不是希望看到羅馬王的大姆指向上豎，就是大姆指向下倒。他們希望看到一場災難、看到流血場面，他們會大聲嚷嚷：『把他拉下來！』倘若情況不是這樣，便是想看到成交價創下歷史紀錄，期待場內高潮迭起、笑聲不斷，像劇院裡一個快樂的夜晚。」

●有如交響樂團指揮的拍賣官

柏哲是藝術品拍賣業公認首屈一指的拍賣官，人有魅力，也能夠將拍賣場內的氣氛控制得恰到好處。在我眼中，他有如一位交響樂團的指揮，或是一個重大儀式中權威十足的司儀，而不是羅馬競技場中比武的犧牲者。他對我解釋說：「如果妳知道我內心有多害怕，妳就明白我的意思了。拍賣會是人類活動中所知最無聊的事，大家要在這裡枯坐兩小時，聽我這個白痴不停地在他們耳邊呱噪。室內的溫度高，坐在裡面很不舒服；有人在打瞌睡、我們的員工面對很大的壓力，對我來說也是一種恐怖級的經驗。」

但我回說：「可是你看起來駕輕就熟，而且輕鬆愉快！」

他嘆氣回答：「是威士忌的功勞。」

柏哲的想像力其實豈止於剛剛的喊價，即使是在藝術世界中最一板一眼的一隅，演出者也有他的個性。柏哲外表看起來極為傳統保守，但經仔細觀察後，這樣規矩的外表至少有部分是刻意培養出來的。他說：「我經常擔心陷入刻板印象或造作，會讓自己顯得誇張可笑。我們有一組教練與聲音指導監督我們，並為我們的演練錄影，且事後會給我們一份評語，幫助我們克服口語上的毛病與手勢用得太多，也防止其他僵化的老套在不知不覺中溜進來。」

對那些買賣當代藝術品的人來說，需要面對眾目睽睽的壓力，還是最近的事。在一九五〇年末期以前，活著的藝術家作品從未在公開宣傳下銷售，像畢卡索（Picasso）這樣的藝術家，事業不是在公開的領域締造的；當時的人或許知道他是知名的藝術家，或許會說「我的孩子也畫得出來這樣的畫」，但是他們對畢卡索的作品可以賣到的天價不會吃驚，因為反正也無從知道。而現在，藝術家的大名或畫作動輒就登上一家全國性報紙的頭版，純粹是因為那幅畫作在拍賣會上創下高價。另外，作品離開畫室與再度回到銷售市場間隔的時間愈來愈短，收藏家羅致新興與新血藝術的興趣始終很高。但在柏哲看來，這完全是「供給問題」，他說：「早期的藝術品愈來愈稀少，因此市場愈來愈被推向當代。我們也從大盤二手店轉成有效率的零售；老東西逐漸稀少、新東西逐漸受到矚目。」

柏哲休假時會去參加重要的拍賣前高峰會、去敲定每一項拍賣藝術品的金額，並在他的

「祕笈」裡一筆一筆地加上最後的市場機密細節。佳士得一名業務代表說：「在拍賣會開始前的一刻，我們對拍賣會進行的情況，通常會都會有正確的預估。顧客如果要求我們提出藝術品修復與復原的『情況報告』，我們無一不照辦。大部分的顧客我們都認識，他們對某些特定的藝術品是不是志在必得，我們也許不一定那麼清楚，但我們知道誰中意什麼、會對哪些藝術品競標。」

●對獨特的賣點有著盲目崇拜

藝術拍賣公司以前有一項不成文法：盡量不要銷售問市不到兩年的藝術品。他們不希望去侵犯藝術交易商的地盤，也沒有時間與專業技能去從頭發掘與行銷新秀畫家。另外，除了像達明．赫斯特（Damien Hirst）這樣的重要例外之外，大部分活著的當代藝術家，通常都被視為「難預測」與「麻煩」。蘇富比一名代表曾經不經意地對我表示：「我們不跟藝術家有任何瓜葛，打交道的對象只限於藝術品。這樣其實很好，我曾經花很多時間跟許多藝術家來往，他們實在是叫人吃不消。」而藝術家去世後，他們的作品來源固然中斷了，卻也形成了商業上的好時機，因為他們的作品至少在數量上蓋棺論定，也為一個劃分極細的市場掃除了路障。

大部分的藝術家從未參加過藝術拍賣會，也沒有這樣做的慾望。他們對藝術品拍賣公司把藝術當作一般可交易商品看待與處理，多少感到失望。在拍賣世界中，人討論繪畫、雕刻與攝影作品就像討論「財產」、「資產」與「拍賣品」一樣；他們「估價」，而非「評價」。比方說，一幅好的巴斯奇亞作品，必須是已經去世的尚‧米謝‧巴斯奇亞（Jean-Michel Basquiat）在一九八二年或一九八三年所創作，畫裡必須有一個頭、一個冠，色彩也必須是紅色的；人主要關切的不是這幅作品的意義何在，而是在於它獨特的賣點，這些賣點造成社會盲目崇拜藝術家特有的風格或品牌，而且相習成風。說來好笑的是，藝術世界中最有可能以「天才」或「傑作」等浪漫概念作為訴求的人，居然就是拍賣公司的工作人員！推銷時，他們經常是三句話不離這些名詞。

一級市場藝術品交易商經常扮演代表藝術家、為藝術家打造事業的角色，他們為藝術家剛剛出爐的創作舉辦個展，傾向於視藝術拍賣為不道德的行為，甚至是邪惡性質，一名畫商有點近乎不齒地表示：「歷來只有兩種職業自稱交易進行的地方為拍賣行（house）。」相對地，二級市場交易商跟畫家沒什麼關係，跟拍賣公司倒合作密切，小心翼翼地參與拍賣。

一級市場畫商通常避免把藝術品賣給會把它們轉手給拍賣行的人，如此，他們就不致失去對藝術家作品價格的控制權。雖然拍賣會上定拍的高價格，能讓一級市場的畫商抬高所代理藝術家的近作價格，但這些金錢與價位的等級，也可能會打亂了藝術家的事業。許多人視拍賣會為藝術市場的溫度計；藝術家在大型美術館展出個展時，作品可能炙手可熱，但三年後，他們的作品也許達不到當初所訂的最低價格，在無人願買的情況下，逼得拍賣公司必須自己吃下這些作品，其個人的藝術尊嚴亦毀於一旦。一幅畫今年以五十萬美元的價格在拍賣會上定槌，消息廣受宣傳，然而明年同一位畫家的同一幅作品，卻可能連二十五萬美元的行情也達不到。市場胃口的東搖西擺，因為拍賣而更形加劇。外界對一位藝術家整體作品的觀感，固然會因為拍賣價格創下紀錄而增添了新生命，但當畫作價格不能「回檔」，必須由拍賣行吃下時，藝術家亦猶如遭到死神拜訪一般。

● 藝品要增值得看經過哪些人之手

下午五點三十分。我應該在半條街之外訪問藝術經紀顧問菲利普・席格勒（Philippe Ségalot）才是。我飛奔經過人緣甚佳的佳士得門房身旁，衝出旋轉門，奔向西四十九街，總算比席格勒早半分鐘進入我們約好的咖啡廳。席格勒以前在佳士得工作，現在是一家實力雄厚的「吉羅得、畢沙羅、席格勒藝術顧問公司」（Giraud, Pissaro, Ségalot）的共同合夥人。他手裡有客戶的大筆資金可以調度運用，在藝術世界中，是那種有本領為藝術家「創造市場」的大角色。

我們都點了薄魚片與泡沫礦泉水。席格勒身上穿的雖是保守的深藍西裝，髮型卻十分特殊，在濃濃的髮膠效果下，根根直立；雖然不是很流行的髮型，倒也自成一格。席格勒沒學過藝術，拿到商學碩士學位後，他在巴黎的萊雅（L'Oréal）化妝品公司行銷部門工作。他自己解釋說：「我從化妝品產業轉到藝術市場產業絕非偶然。兩個行業都跟美有關係，我們處理的都是絕非必要與抽象的東西。」

席格勒談話熱情，速度有如連珠砲，經常英法語夾雜。白手起家，二〇〇七年被《富比士》雜誌（Forbes）列為全球第三十四名億萬大富翁的法斯華．平諾（François Pinault），是他的客戶之一。平諾是佳士得的所有人，也是全球首屈一指的收藏家。在藝術市場中他能呼風喚雨，手中揮動的是一把兩刃的箭；當平諾擔保佳士得的一件作品時，賣出，他飽賺一筆；買進，他的自己收藏聲勢又更上層樓。席格勒承認：「平諾是我最喜歡的收藏家，他對當代藝術有無比的熱情，對一流的藝術品也獨具慧眼。他了解什麼是品質，眼光極為獨到。」為收藏家的收藏建立起神祕性，也是藝術經紀顧問工作主要的一部分，平諾取得的任何一件藝術作品，都有他驗明正身的「加值印」。當然，藝術家是藝術品價值的最重要來源，但它要增值，則要看藝術品經過哪些人之手。其實，只要涉身藝術市場，人人都會對某一件特殊的藝術品究竟跟過誰津津樂道，無形中也抬高了它的價值。

平諾是席格勒與其合夥人經常合作的二十名收藏家之一。席格勒說：「到目前為止，在藝術世界裡，最好是當收藏家；第二理想的情況是我們這一行業。我們代人購買的藝術品，我們自己有錢的話也想買。我們有機會跟這些藝術品相處幾天或幾週，但終於要看著它們出嫁，內心的滿足感難以言喻。有些情況裡我們非常嫉妒，但是我們的工作是將合適的藝術品與合適的收藏家送作堆。」

席格勒怎麼知道他碰上了合適的作品？他熱切地表示：「你可以感覺得到。我從沒念過藝術，也沒興趣閱讀跟藝術有關的文章。所有跟藝術有關的雜誌我都訂，但我從來不看。我不希望自己受到藝評的影響。我看的是藝術作品本身，讓影像充滿自己的內心。藝術不需要談，一件偉大的作品自己會說話。」大多數的收藏家、藝術諮詢顧問、畫商都相信本能，也喜歡談；然而專業的藝術諮詢顧問公開承認他不閱讀有關藝術的書，倒是不常見，需要勇氣才做得到。大部分藝術雜誌的訂戶其實只看雜誌裡的影像，許多收藏家更是對藝術評論不以為然，認為藝術界的權威雜誌《藝術論壇》（Artforum）裡的文章，尤其難以下嚥。而大多數的藝術顧問也以自己有研究能力自傲。

• 價值全看你願意付多少錢來決定

在拍賣會中購買藝術品的人說，那樣的經驗真是人生只得幾回有。「你的心跳加速，腎上腺素不斷分泌，即使是最冷靜的買家也會緊張。」如果你是在拍賣會現場競標，你就是整個拍賣秀的一部分；而如果競標成功，它是一項公開的勝利，套句拍賣會的術語來說：「你果真是『贏』到了藝術品。」席格勒說，他從來不會緊張，但承認買到時自己會有一股「性征服感」。他說：「買很容易，但要抗拒購買慾就難多了。你必須有選擇性、要挑剔，因為購買是一種極為陽剛性而讓人感到滿足的行為。」

購買心理非常複雜，有時甚至有些變態。席格勒對客戶這樣說：「最貴的消費，也就是傷得最深的消費，往往是最好的消費。」無論是因為激烈的競爭或是財力吃緊，愈是「難到手」的藝術品，誘惑力也愈是難以抗拒；就像愛情，它會強化一個人的占有慾。席格勒也警告他的客戶說：「給我一個競標價格，但要有會超過底線的心理準備。我已經製造出一種拍賣會後我有點怕跟收藏者溝通的情況，因為在購買重要作品時，我下標的錢是我們同意價格的兩倍。」

我思索如何啟齒問一個微妙的問題：藝術經紀顧問在賺錢與超支購買藝術品之間，是如何看待兩者之間的關係？藝術顧問靠佣金賺錢，不買就沒有錢賺。顧問費用與佣金都是他們的收入，這樣不會有利益衝突嗎？但我在思考應該如何措辭時，席格勒看了看手錶，臉上閃過一絲警覺的神情，趕忙站起來並連聲抱歉說要走了，他買單時說：「這是我的榮幸。」

我仍然坐著沒走，我喝完水，整理自己的思緒。席格勒的熱情明顯可見，我們坐著談了將近一個鐘頭，整個過程中他都展現了無比的信念。這項天份對他的工作非常重要。從一方面來看，藝術市場是從藝術品的供需來領會，但從另一方面來看，它是一種經濟信念。「藝術的價值全看你願意付多少錢來決定」，是一句大家耳熟能詳的陳腔爛調；藝術市場中的騙徒固然會用它來搪塞，但吃得開的人對這句話也服膺之至，至少引用時是如此。藝術拍賣的過程關乎各個層面的信心處理——相信藝術家的才華、相信他未來在文化上的舉足輕重、相信拍賣作品的出眾，以及相信買家不會撤回財力上的支撐。

群眾的一窩蜂心理學

傍晚六點三十五分。佳士得的兩層樓高的玻璃門不斷轉動，持票的人潮不斷湧入。許多畫商與藝術顧問已經入內，因為今晚的拍賣會是一個迎接與遇見「金錢」的大好機會。在寄衣物的隊伍與取競標牌的隊伍中，大家都在猜哪件藝術品可以賣得好、誰可能買哪些藝術作品。每個人都對某些事物有些知情與風聞，提到某個姓名或某件藝術品的號碼時，他們會突然放低聲音，因此你耳中聽到的，大概不外「那件會飆」或是「那件估價太離譜了」之類的宣判。當收藏與購買人潮紛紛就座後，大家互道「祝你好運」，或是「邁阿密見」，放眼所見都是笑臉。

在座的各國人都有，你聽得見一堆帶著比利時、瑞士或巴黎腔的法文。比利時與瑞士可能是購買當代藝術收藏的國民平均比例最高的國家了。一直到二次世界大戰之前，法國都是全球藝術買賣的中心，但從二戰後到一九八〇年代早期，倫敦成了全球拍賣的首都，而競標者在此一向傾向以電話採購的倫敦，如今也拱手讓出龍頭地位。看見現場忙碌的情形，很難想像一直到一九七〇年代之前，紐約都還只是藝術商業市場的一個地方性的哨站，佳士得一九七七年才開始在此舉行拍賣會，而此時此刻，在佳士得專家口中：「紐約的市場非常旺，所有的重要買家都到齊了。」

我看見大衛．提格（David Teiger）。這名以紐約為活動基地的收藏家年近八十，使用的是假名，他正在跟一位年齡與他相仿，但駐顏有術的女士交談。

她問：「你收藏什麼時期？」

他回答：「今天早上展出的時期。」

「你喜歡年輕畫家的作品嗎？」她還是熱心地問。

「我不見得喜歡，不過我會買。」他開玩笑地說。

「那麼，你今天晚上會競標嗎？」

「不，我不是為買而來，今晚我是為了聞香水味來的，要聞一聞烤箱裡的香氣是什麼，好判斷社會的趨勢。它跟我可能要做的事完全沒關，我會去受到忽視或是被低估的地方。」

提格以能獨立作業自傲，拍賣會對他來說有太多的「一窩蜂」群眾心理涉入。他早在一九六三年就從史太伯畫廊（Stable Gallery）的畫展中，買進了安迪・沃荷（Andy Warhol）的作品。他說：「你知道我付了多少錢嗎？七百二十塊美金！你知道紐約現代美術館第一次購買沃荷的畫是什麼時候嗎？一九八二年！」既然這麼早就慧眼識英雄，他現在怎麼會願意花一千萬美元購買沃荷一幅比較不知名的作品？這跟他勇於冒險的自我形象不符，他不是那一類的收藏家。

那麼，究竟是誰在拍賣會上搶購？許多積極收集當代藝術的收藏家，通常會跟一級市場的畫商接洽；在潮流之先搶進，固然有其風險，但是也相對物美價廉很多。在二級市場或轉手市場上，因為作品已經經過「市場考驗」，風險也減小。藝術固然「無價」，保證其品質的價格卻非常昂貴，只在拍賣會上購買的收藏家占買賣市場極小的比例。蘇富比一名主管表示：「這類收藏家很歡迎那種有最後期限的紀律。他們多半非常忙碌，拍賣會等於是通知他們採取行動。他們也非常喜歡拍賣會的公開性質，尤其是能夠看見有低價競標人願意付出類似的價格。知道無論何時在何處拍賣，他們付出的是市場價格，令他們感到安心。」

收藏家願意在拍賣會購買藝術品的另一個原因是，跟一級市場畫商周旋通常要耗費很多時間。後者為了要替代理畫家打下江山，通常只願意把畫賣給有信譽的收藏家；收藏家有時需要排隊等待購買藝術品，而如果對象是年產量有限的藝術家，隊伍就特別長，許多鑑賞力被認為不夠高的人，可能根本就等不到。若干拍賣公司的人抱怨「市場上沒貨」，以及一級市場畫商做生意的方式「不民主」，蘇富比一名專家表示：「坦白說，我認為等候名單是糟蹋人的作法。拍賣會免去了這些大小眼、分等級的等候法，因為你只消在最後關頭舉個手就能直接跳到隊伍的最前頭。」

● 記者的輩短流長增添了新聞可看性

傍晚六點五十分，我爬樓梯上到拍賣廳，加入採訪記者群，跟著他們一起走進用紅繩圈出來的一個採訪區。這裡擠得不得了，也沒坐的地方。這種空間安排暗示新聞同業應該自知分寸。在蘇富比一次十三至十七世紀繪畫大師作品的拍賣會上，記者同仁每個人拿到的是白色貼紙，上面寫著「媒體」。在這個講究金錢與權勢的世界，記者的階級明顯被排在最下面一層。有一名收藏家曾經這樣形容某一位記者：「顯然他拿的薪水不多，無法接近重要的人物，只能依靠別人的殘羹剩飯拼湊出自己的文章。逗留在大飯桌旁，人家卻嫌你多餘，一點都不好玩。」

一位為《紐約時報》（New York Times）撰稿的記者卡洛．傅哲爾（Carol Vogel）顯然是例外；在紅繩圈前方，有一個特別為她保留的席位。穿著高跟馬靴、一頭灰短髮的她可以站起來活動，在其他記者面前走來走去，她代表的是媒體的力量。我看見傅哲爾與若干頂尖的畫商與收藏家交談，她能有這種接近的管道，是因為這些人想影響她的報導，儘管他們提供的消息除了增添一點花絮效果外，恐怕作用不大。

在競爭性極強的媒體群內，喬許．貝爾（Josh Baer）是也是特殊的一位。嚴格說來，他並不是記者，但過去十年中，他編了一份電子新聞信《貝爾報導》（Baer Faxt），不斷報導各種藝術活動，以及拍賣會中得標與未得標的是哪些人。有著一頭銀髮、戴著黑邊眼鏡的貝爾，長得有點像電影明星李察．吉爾（Richard Gere），是個紐約酷哥。他母親是小有名氣的極簡風畫家（minimalist），他本人也經營一家畫廊有十年之久，因此他對拍賣的社會環境知之甚深。他承認：「我發行的新聞信，的確有點造成大家誤以為拍賣過程透明的錯覺。大部分的人都接到氾濫的資訊，卻教育不足，而自以為有知識；他們看畫只看到標價，認為藝術品唯一的價值就是拍賣的價格。」雖然藝術世界與藝術市場都十分不透明，但你若是這個祕密小圈子的一員，其實沒有什麼祕密可言。貝爾解釋：「大部分的人喜歡自我吹噓，總想展現他們知道什麼。我現在盡量克制自己不要有那種衝動，我必須克制自己不要設法讓妳覺得我是什麼要角。」

大部分的記者只對極小一部分資訊感興趣，他們會記下藝術品的成交價格，誰出標、誰買到；他們當中沒有人是「藝評家」，也不寫跟藝術本身有關的事，報導的角度與重點完全在交易紀錄與各種人物的蜚短流長。有一名記者專記「出標號碼牌」，在收藏家進場時將他們的號碼一一記下，如此，一旦實際拍賣活動展開、拍賣官報出號碼時，便可報導是誰買下了拍賣品。其他人則設法掌握那些名人分別坐在哪裡。記者們不滿意他們必須擠在小小的角落裡，視線又受阻。對一名自以為了不起的收藏家抱怨位子不好，他們覺得好笑，並開玩笑說，描述收藏家的最佳方式是敘述他如何走到自己的位子上；一名英國記者的低調形容詞是「不同凡響」，貝爾說了「粗俗」二字，後面則傳來一聲：「小丑一名。」

● 一種可以分散投資組合的方式

拍賣廳容納了一千人，而一個人的位子被安排在哪裡代表著他的地位與尊嚴。傑克・戈德與茱莉葉・戈德（Jack and Juliette Gold，假名）坐在大廳的正中央。熱愛收藏的戈德夫婦年近五十，膝下無子，每年五月與十一月他們都飛到紐約，下榻在他們喜愛的四季飯店（Four Seasons），也安排跟友人在著名的塞特美佐義大利餐廳（Sette Mezzo）與巴薩札法國餐廳（Balthazar）用餐。茱莉葉承認：「拍賣廳內有站席、有很糟糕的位子、有好位子，也有非常好的位子，而靠近走道的位子，是最好的位子。出手闊綽的大收藏家會坐在前面稍微靠右的地方，無意競標的名收藏家會坐在靠後面的地方，賣主當然就坐在樓上的私人包廂。整個過程就是一種儀式。除了少數例外，今年每個人的席位跟上一季幾乎完全一樣。」另外一名收藏家告訴我說：「出席傍晚的拍賣會就像在特別的節期去猶太會堂一樣，大家都彼此認識，但一年才見上三次面，因此一見面便聊個不停。」據說一名收藏家曾聽閒話聽得入神，結果忘了出價。

出席拍賣會的部分樂趣在於「被人觀看」。茱莉葉穿了一件米桑尼（Missoni）品牌的衣服，除了手上的卡地亞（Cartier）大鑽戒外，沒有其他飾物。她警告說：「穿普拉達（Prada）很危險，可能跟佳士得三名員工的穿著『撞衫』。」傑克穿的是傑尼亞（Zegna）中規中矩的暗底紋西裝，搭配了寶藍色的愛瑪仕（Hermés）領帶。有時這對夫婦買進，有時賣出，但他們出席的最主要原因是因為他們喜歡拍賣會上的氣氛。茱莉葉是浪漫派，父母都是歐洲的收藏家。傑克則是務實派，收藏觀點受到他股票與不動產事業的影響。茱莉葉告訴我：「拍賣會就像歌劇，其中的語言是要下功夫才能了解。」傑克似乎同意此話，但是在他口中，拍賣猶如另一種完全不同的活動：「不錯，即使你對拍賣沒有直接的興趣，情緒還是會被牽動，因為你手上有十名藝術家的類似作品，拍賣會馬上就估出這些作品的價值。」

今晚的拍賣會不僅是六十四件藝術作品的一連串交易，它也是由不同詮釋與不同財務計畫共同組成的一個萬花筒。我問戈德夫婦，為何收藏藝術品近年變得如此受歡迎？茱莉葉表示，因為更多人了解藝術可以豐富他們的人生，傑克則認為，因為藝術已經成為一種可以接受的「分散投資組合的方式」。雖然老派的「純收藏家」聽了可能會很感冒，但「從避險基金中賺飽厚利的新收藏家，非常清楚他們的錢可以怎麼分散運用。現金的報酬率如此低，投資藝術似乎是一個好主意。因為好的選擇太少，此所以藝術市場如此蓬勃的原因。如果股票市場有兩、三季的連續大幅成長，藝術市場的問津程度可能就有問題了。」

藝術世界非常窄小，而且對外封閉，因此它比較不受政治問題的影響。茱莉葉解釋說：「在『九一一事件』後的拍賣會中，你不會感受到外在世界的現實，一點都沒有。」她說：「我還記得那年十一月的拍賣會，我對傑克說：『我們出了大廳後，雙子星大廈仍立在那裡、世界上的事還是依舊美好。』」

大災難也許不會對拍賣會造成衝擊，但是閒言耳語卻有力量毀了一件藝術品。傑克告訴我一個友人拍賣祖母收藏的故事：「其中有一幅漂亮的抽象藝術家艾格妮絲・馬丁（Agnes Martin）的繪畫，可是卻有人放話說，那幅畫如果你倒過來看，而且在一定的光線之下、眼睛稍微閉上，你會發現它受到了損害。整個藝術世界都把這項說辭當作福音一般買了帳。那幅畫可能也因此被砍去五十萬美元，只因為不知是哪個蠢蛋造了一個謠。另外還有人說，某位畫家要與賴瑞（Larry）簽約的風聲傳出後，每個人都搶著在價格漲翻天之前，要買到這位畫家的一件作品。」他說的是賴瑞・高古軒（Larry Gagosian），全球最有實力的畫商。高古軒在紐約、洛杉磯、倫敦與羅馬都有畫廊，他如果代理一位畫家，那位畫家的作品馬上就會漲個五成，沒有一次例外。

大部分的人承認對拍賣會的複雜內情樂此不疲，然而其競爭的一面卻令若干人無法忍受。倫敦一名交易商就希望自己能夠避免拍賣會，他說：「老實說，拍賣會上每個人都很臭屁，充滿了爾虞我詐，簡直就是貪婪活現於舞台之上。你走進大廳，大家都笑臉相迎，親切地問候說：『最近好嗎？』其實他們是要在背後捅你。」

售出藝術品的速度驚人

傍晚七點零一分，還有一些人彎著身子設法擠進座位之際，柏哲大槌一揮說：「諸位女士先生，歡迎光臨佳士得，參加今晚的戰後與當代藝術拍賣會。」他宣讀了拍賣情況的一些規則、佣金與稅金之後，便開始對「第一號」拍賣作品喊價：「四萬四千、四萬八千、五萬、五萬五。」此時他顯得比剛才大廳中空無一人時要輕鬆，他左邊有一很大的黑白成交告示板，不斷顯示以美元、歐元、英鎊、日圓、瑞士法郎與港幣不同幣值計算的成交價。他的右手邊則是一個不斷播放彩色幻燈片的電腦螢幕，好讓在場觀眾知道是哪件作品正在拍賣。柏哲的左右手邊也各站了一排佳士得員工，他們前方是一個看起來像陪審團包廂的木檯，許多人在電話線上，跟正在或準備要競標的顧客連繫。若干買家不在紐約，也有些是為了要保護隱私，不讓人知道他們的身分。像身兼二級市場畫商身分的退休廣告大亨查爾斯・史塔奇（Charles Saatchi）從來不到現場來，他非常不喜歡外界的注目，不是透過電話競標，就是派代表到現場來競標。如果他買到一件藝術品，尤其是以新高價格購進，他可以事後再昭告世界；如果無功而返，沒有人知道，他也不會因此而失了面子。

第一件作品以「二十四萬美元定槌」，加上佣金（十萬美元以下為一九・五%的抽成，十萬美元以上一二%，表示這件作品的成交價是二十七萬六千三百美元。從第一次出價到最後一次，全程一共只花了一分半鐘。當作品以接近預期價格的底價成交，過程會快一些，但當最後定槌價是預估值的三倍時，就像第一件作品，拍賣時間就會久一些。然而不管成交快慢，拍賣會上售出藝術品的速度絕對是快速驚人。

「第二件藝術品是我右邊的理查・普林斯（Richard Prince）的作品。這幅作品從九萬美元起跳。九萬五、十萬。謝謝。」柏哲繼續說：「十一萬、十二萬，是嗎？先生？是的。十二萬、十三萬……」

在紐約傍晚舉辦的藝術品拍賣活動中，沒有一位主拍是美國人，而這種事也絕非巧合。蘇富比的首席拍賣官托比亞斯・梅耶（Tobias Meyer）是德國人，專營當代藝術品的小型拍賣公司菲利普斯・狄普利（Phillips de Pury & Company），共同負責人兼首席拍賣官西蒙・狄普利（Simon de Pury）是說法語的瑞士人，而柏哲當然是英國人。他們為不是你死便是我活的爭奪交易，引入若干歐洲城市的文明味。另一個可以看出舊世界文明痕跡的是，拍賣公司的銷售代表正式頭銜均是「專家」，非正式稱呼是「行家」。他們把藝術史的知識運用到市場趨勢與評估藝術品上，他們也把這些知識帶到拍賣現場，激發現場買家對拍賣藝術品的興趣。不過據一名「專家」的說法：「我們其實只是分析師與中間商。」

● 老練收藏家心裡的標價

褐髮，有一雙亮眼，說話一絲不苟的佳士得戰後與當代藝術部門副主任艾美・卡培拉佐（Amy Cappellazzo），是佳士得上層的少數美國人之一，也是目前「重要獲利」部門的唯一女性主管。在我拍賣前的訪問中，她神采奕奕，而現在她看起來安詳內斂。她說：「我從來不會在拍賣會中緊張。拍賣時，所有的辛苦工作都已經告一段落。大約八〇%的時間我們花在取得藝術品上，二〇%花在連繫買主上。取得佳作是拍賣的關鍵，我愈來愈需要提醒客戶，如果他們把掛在牆上的藝術品當作流動資產，它可能比他們整個家都還值錢。」

下一幅拍賣品是普林斯的《無題》（Untitled，牛仔），普林斯打算把拍賣所得捐給「西藏之家」（Tibet House）。此刻競標活動冷了下來，柏哲正設法從觀眾中再擠出一次競標。這時眼神的接觸非常重要；他的目光在競標的眾人身上逡巡，神情彷彿在告訴那人，現場裡只有他最重要。「二十六萬美元。二十七萬，夫人？超過那位站席的標價。後面那位先生願意再出高一點嗎？不願意。電話競標的二十六萬美元超過諸位的出價。我要定槌了，向諸位聲明即將成交的價格，二十六萬美元。」

柏哲大槌一揮，半數觀眾低頭看著目錄，寫下了價格。柏哲說：「從經驗中的確可以學到的一件事是，競標人內心的渴望比他們口裡所說的更多。有時他們會搖頭說『不要』，沒有經驗的拍賣官會信以為真，直接往下進行，老道的拍賣官卻知道這位收藏家其實心裡還有一個標價。有些畫商或私人收藏家搖頭，是表示他們不願再玩下去，他們非常自制，也就是說一毛錢也不會多出。另有一些人，你可以感覺到他們還在猶疑，他們在與另一半或朋友商量。一個在幕後非常想買，一個在幕前競標。要不然就是先生已經說『不要了』，太太還要標下去。這些在講台上都可以看得一清二楚。」

拍賣進行到第三件作品，但貝爾與《紐約時報》的記者仍在討論是誰在對普林斯的攝影作品出價。傅哲爾說：「我真是不喜歡這間拍賣廳，看不見競標人。」記者席沒有柏哲站在台上那種可以一覽無遺的優勢，也不能一睹他的「祕笈」。他們提到四個名字可能是買主，但也不敢確定。有時拍賣會感覺像一場「是誰幹的」偵探猜謎大會，因金錢數額龐大與買主神祕兮兮的不露面競標，而增添了許多刺激。

柏哲精通讀心術是他能夠主持拍賣活動的關鍵。競標人一舉一動的背後心理，都逃不過他的法眼，他在這方面的高明無人能及其右。他透露：「在頭兩件藝術品競標展開前，買家會開始做一些小動作，向我發出訊號說他們對其中的一件作品感興趣——人會坐直了、會整整外套，會露出緊張的神情。即使在拍賣場所出入了一輩子，不動聲色的專業收藏家還是會洩露天機。這表示在下一、兩件作品推出後，他們就會出價。因為他們流露出的身體語言與閒適地坐在椅子上有所不同，我覺察到了，也立即加以掌握。」

我不放鬆地追問：「可是有些最具實力的大收藏家與畫商，像納瑪家族（the Nahmads），他們總是一付老神在在的模樣，出手時總是好像剛剛想起來要標的樣子。」人稱畢卡索的全球私人收藏中，有二〇％一度為納瑪家族所擁有，但現在他們對戰後藝術的收藏卻不遺餘力。謠傳他們從來不用現金買賣，因為在他們買進當代的藝術品時，平常也會脫手幾件手中的印象派畫作，不斷地以新貨代替陳貨。

柏哲說：「納瑪家族涉足藝術拍賣市場的歷史很久了。我們要拍賣一件作品時，他們通常會有某種家庭會議，因此我知道空氣中有東西正在醞釀。另外，我們也知道他們也會對哪件藝術品競標。大衛・納瑪（David Nahmad）非常喜歡買回他以前的收藏品，有時他計畫買哪一件我都一清二楚，因為拍賣前我已經跟他長談過。」

● 一百萬美元的心理戰

我們已經來到拍賣編號四，瑪琳・杜瑪（Marlene Dumas）的畫作。貝爾彎身向前看，並說：「你注意到起跳的標價就超過了最高的估價嗎？」一名競標者把競標號牌亮了亮，他這是制敵之先的摜壓手法，好把其他的競標人嚇跑。不過其他競標人並未被嚇跑，反而更積極。柏哲幾乎沒有喘息的時間：「五十五萬；六十萬；六十五萬；七十萬；有幾位。七十五萬、八十萬、八十五萬。多少？八十八萬。」有人出了一個價，想把每次競標價格的跳幅差距拉小。「廳內有人出九十萬，超過坐在這邊的競標者的出價。」拍賣官不喜歡有人「切割」標價，因為這會拖慢拍賣的速度。不過目前標價已經是原先預估的三倍，也遠遠超過畫家原來的售價紀錄，因此柏哲顯得非常雍容大度。

當競標價格達到九十八萬美元時，會場霎時啞然無聲，彷彿因為拍賣價格達到這樣高的數字，必須以沉默的敬意相待。而價格超出預期這樣多，全場更是吃驚到無語以對。每個人都在猜測：這幅畫會不會超過一百萬美元的心理關卡？如果突破百萬美元大關，杜瑪將成為當代活著的「百萬女畫家」之一。在此之前，畫作售價超過一百萬美元的女畫家只有雕塑家露易絲・布爾喬亞（Louise Bourgeois）與艾格妮絲・馬丁[1]。杜瑪能夠擠進這個小圈子嗎？佳士得的工作人員發現廳內最後方又有一名競標者入局，馬上向柏哲示意。「一百萬美元！」柏哲帶著含蓄而奏凱的語氣說。

貝爾馬上悄聲地問：「那個競標人是何方神聖？」新聞界希望打聽出來，即使是收藏家也紛紛轉過頭來，想要爭睹在最後一分鐘攪局的神祕標客。有些人喜歡在最後關頭進場，因為晚進場表示他們可以無限追高。拍賣會是一個充滿自我表現與擺闊的場所，競標競得有格調非常重要。

「一百萬美元！」柏哲的語氣中流露出一絲興奮，他繼續喊價：「一百零五萬……一百一十萬。」競標注意力又回到後座那位姍姍來遲的競標者。「一百一十萬元。現在發出公平警告（最後通知）。最後一次機會，一百一十萬美元，賣給後面那一位競標者。在座之人交談的音量隨著槌子的落下而升高。柏哲說：「四百零四號競標者，謝謝您。」笑聲開始出現，有些人不可置信地搖著頭。記者席也傳出一個厚重的聲音說：「一百一十萬美元！二十年後會有人知道她是誰嗎？」其他人互相點點頭，彷彿在說：「沒錯，我們押對了馬。」記者在開小型會議，討論買下杜瑪作品的人究竟是何方神聖。收藏家競標出價

1—艾格妮絲・馬丁在本次拍賣後不久過世。女畫家如西西莉・布朗（Cecily Brown）、草間彌生（Yayoi Kusama）、布麗姬・芮利（Bridget Riley）珍妮・薩維爾（Jenny Saville）、辛蒂・雪曼與莉莎・優絲卡瓦潔（Lisa Yuskavage）等人相繼加入了拍賣會活著的「百萬美元女畫家」行列。我們也許會以為，藝術世界代表前衛性的兩性平等，但拍賣廳中的價格不平等其實相當極端。雖然畫商與策展人中有不少是有實力的女性，但大手筆的收藏家大部分是男性，這項因素顯然對女性藝術作品價值低估有影響。

願意出到多高，顯然有著明顯的不同，全視「他們有多瘋狂的投入」或是交易商是否是要長期擴充收藏。每個人都認為只有「瘋狂」的收藏家才會出這種天價。但是那人是誰？

卡培拉佐在佳士得員工席上看見一名熟識者，向他會心地眨了眨眼睛。成交作品是杜瑪的中幅作品，主體是紅色，似乎是描述一名在期待和凝望的女性，她的手指有如陰莖，賣弄風情地放在張開的下唇上。

● 藝術價值與經濟價值不一定有因果關係

卡培拉佐仍是那樣平易近人。我問她：「什麼樣的藝術品會在拍賣會上賣到好價錢？她的回答對剛剛創下紀錄的作品來說是恰到好處。首先，「人會對顏色做試紙測試。棕色的畫通常不如藍色或紅色的畫賣得好；憂鬱的畫不如讓人愉快的畫賣得好。」第二，若干主題的畫比其他主題的畫更有商業性：「男性的裸體畫通常不如大胸脯的女性賣得好。」第三，畫通常比其他素材的藝術品受歡迎。「收藏家對他們中意的藝術品，有時會感到困惑與關切；對看起來複雜的裝置藝術，不是那麼樂於問津。」最後，大小尺碼也有關係。「超過電梯大小的作品，通常只在市場的特定角落有銷路。」卡培拉佐希望澄清的是：「這些只是基本的商業銷售標準，跟藝術品本身的好壞無關。」

那麼，一件藝術品的藝術價值與經濟價值之間的關係何在？

「它們之間不完全有因果關係。許多畫技精湛的畫家並沒有很好的市場行情。實際人生裡，長相好與運氣好之間有沒有因果關係？這是完全沒道理的事，也是可以爭辯的話題。」好不好看與美不美，完全在於看的人。不過「看官」是社會性動物，會有意識與無意識地向共識靠攏。卡培拉佐並不覺得需要為市場行為辯白，市場就是市場，她說：「我以前是畫廊的策展人，碰到以前策展時結識的學術界人士，他們問我現在在做什麼時，我會說：『我在佳士得的市場作『主』。這只是我個人的笑話之一。』

編號第五號的作品，是吉伯特與喬治（Gilbert and George）一九七五年一幅經典作品，標價達到四十一萬美元，編號第六號作品是義大利雕刻家馬里齊歐・卡特蘭（Maurizio Cattelan）二〇〇一年的一幅雕塑，起標價為四十萬美元。吉伯特與喬治也許是英國最重要的觀念藝術家，但在這個場合，他們無法與作品產量少，卻甚受歡迎的卡特蘭相比。拍賣目錄是佳士得的主要行銷工具，目錄是以全彩的精裝印刷，前面與後面的影像都是一種工具，要誘使商家把藝術品委託給佳士得拍賣。卡特蘭透過地板上的一個洞向外覷視的自雕像，不但登上目錄的後頁，而且還複製在不對外公開發售的限量邀請函上。

「馬里齊歐市場」（藝術市場上習慣對現代藝術家稱名不稱姓），也是一個十分有爭議性的話題。卡特蘭是一個喜歡諷世與惡作劇的人，評價兩極化。若干人覺得他是二十一世紀的達達主義藝術家馬塞爾・杜象（Marcel Duchamp），有些人認為他是我們這個時代被吹捧過頭的導演朱利安・施納貝（Julian Schnabel）。要分辨誰是真正有開創性的藝術家、誰只是濫竽充數，一開始也許不是那麼容易，因為前者向藝術原創性現有版本與內容挑戰的方式，會讓人覺得他們只是譁眾取寵，這些人能不能經得起考驗，關鍵在於他們「干預」藝術史的廣度與深度。若干重量級收藏家大量買進卡特蘭的畫，造成其他人抱怨卡特蘭的市場行情受到操縱。不過一名藝術顧問認為：「這不是操縱，比較像是無條件的支持。」

競標卡特蘭作品的情況，用拍賣行話來說，是「既猛又快」，成交價格為一百八十萬美元，比他以前的拍賣紀錄翻了一倍。貝爾邊喃喃地說了聲「威廉・艾卡維拉」（William Acquavella），邊在他的目錄上記了一筆。艾卡維拉是闊綽的第二代畫商，他經營的畫廊位於紐約東七十九街一座體面的屋宇中，很少人有那樣的財力以那樣的價格買畫為畫廊的收藏添色。對藝術經紀顧問與畫商而言，在拍賣廳內競標，是為他們的行業做廣告。

• 別以為價格只會朝一個方向飆漲

編號第七號拍賣品是三幅魯夏的繪畫，它「飆」到六十八萬美元。貝爾低聲說道「米爾茲」（Meltzer）與「高古軒」，也就是買主與未得標的競標人。高古軒是魯夏在一級市場的經紀人，並為他代理的藝術家在拍賣會中「護盤」。如果魯夏失去市場的垂青，高古軒可能會把重要的畫作買回，留在手上一直等到畫家鹹魚翻身後再拿回市場銷售。

第八號拍賣品是葛斯基（Gursky）的一幅攝影作品，成交價格也超過最高估值，但是卻比葛斯基作品的最高銷售紀錄低出很多。當天拍賣的不是他比較有名的作品。第九號拍賣品是丹·傅拉文（Dan Flavin）的「塔特林塔」（Untitled Monument for Tatlin），拍賣價格為傅拉文個人作品寫下新的最高紀錄。

總的來說，這場拍賣說明了市場相當強勁。傑克說：「每一季我們都等待大幅修正。」茱莉葉也加了一句：「沒有永久不衰的市場行情。」業界的人承認，在泡沫真正破滅前，沒有人會說市場已經泡沫化了。

我問貝爾是否有「永遠的牛市」這回事。他冷靜地看著會場說：「沒有拍賣會，藝術世界不會有現在這樣的經濟價值。它讓人有藝術品可以變現的錯覺。」他停下來開始為第十號拍賣品寫筆記，然後又補充說：「可以求現的市場是紐約股票市場，有人願意出價買你的ＩＢＭ股票。但是沒有法律規定有人會買你的卡特蘭作品。不過，多數時候拍賣會讓你感覺大部分的東西都賣得掉。如果有人認為手裡的東西無法再賣掉，或是他們死後繼承人無法脫手，許多人就根本不會買。」

第十號拍賣品，買家只點了一下頭就以八十萬美元的價格成交。貝爾轉頭對我說：「我們活在一種氣氛中，大家都以為價格只會朝一個方向發展。但是很多今日身價不凡的藝術家，十年後可能會一文不值。你應該回頭看看過去的拍賣目錄，多數人都非常健忘。」

卡培拉佐跟人在電話中寒暄。佳士得的員工準備推出下兩件「美術館藏品」——十一號拍賣品是受拍賣會歡迎的傑夫・昆斯（Jeff Koons）利用現成素材形塑的「胡佛牌吸塵器雕塑」（收藏家買回去後，管家看見一定會笑彎腰）；十二號拍賣品則是後現代藝術之王安迪・沃荷一九六〇年代的大幅歷史繪畫。

前十號拍賣品之所以突破預估價與迭創新紀錄，很大一部分原因在於佳士得的銷售手法與拍賣流程的控制。花這樣大筆的錢來購買奢侈品，人需要有安全感。一如卡培拉佐所解釋的：「我們根據商業心理來安排拍賣作品。如果我們按藝術史的時間或主題來安排，拍賣結果可能會一蹋糊塗。前十件拍賣品必須順利進行，我們傾向推出會超過高預估價的作品——年輕而搶手的當代作品，讓全場眼睛一亮並樂於競標。等到推出十二號、十三號拍賣品時，我們最好進入重大的銷售價位。」

昆斯的作品在現場拍賣到二百三十五萬美元的價格。

● 上層玩家高價競標以抬高藝品價值

「好戲上場了。」貝爾說。

柏哲說：「十二號拍賣品，安迪．沃荷一九六三年的『芥黃種族暴動』（Mustard Race Riot）。在拍賣會上，大部分的作品不會提到作品名稱，只會提到「葛斯基的」、「傅拉文的」或是「努曼的」（Nauman）。會耽誤時間提到作品主旨的，通常只保留給最昂貴的拍賣作品。在拍賣沃荷作品時，柏哲慢慢地說：「八百萬美元開始。」這幅作品的競標情形有點從容不迫，而且是以五十萬美元為一級往上加。一陣冷靜的沉默出現在會場，過了一分鐘才達到一千二百萬美元的價位，柏哲揚言準備脫手。「公平警告，一千二百萬美元。」但是在十秒鐘內有三個手指頭相繼舉起，每有一根手指舉起，就表示畫作的價格往上爬了五十萬美元。價格攀升到一千三百五十萬美元時，又陷入膠著。柏哲不慌不忙讓拍賣停了四十秒鐘，用眼神邀請，希望再引出一個人多出五十萬美元。但是無人回應，他大槌一揮：「賣出，成交價一千三百五十萬美元。」

「拉斐・賈布隆卡（Rafael Jablonka）……可能是有人代烏朵・布蘭赫斯特（Udo Brandhorst）買的。」貝爾十分有自信地說。

我再度向卡培拉佐請教「什麼是藝術市場」，她一付理所當然地說：「在房地產市場與股票市場之間，藝術更像前者。若干沃荷的作品像坐南朝北建築叢中的套房，若干則像有三百六十度視野的閣樓，而一股思科（Cisco）股票永遠只是一股思科股票。」從競標「芥黃種族暴動」的律動看來，這幅作品可能是一間頂樓屋，但它重新裝璜的大廳看起來不怎麼高明，若干礙眼物也阻礙了房子的全方位視線。這幅畫是由兩面木板拼成，鑑賞家關切兩面木板上的芥黃色調不完全一致。有一個謠言說，兩面木板不是同一時間畫成；另一個謠言則說，兩面木板上不同的色調完全是刻意造成的效果。但茱莉葉表示：「無論如何，這都是一項偉大的歷史性作品，不過顏色不是那麼吸引人，而且掛在一般家庭中太大了。」

沃荷市場可能是當代藝術領域最複雜的市場了。他作品售價的等次反映出作品質量之間的微妙平衡，也是作品的尺碼與主題的一種反映。一九六二、六三與六四年是他作品最昂貴的年份，而絹質畫布的品質也對價格有影響。作品是不是「在市場中初次亮相」，或是已經在市場反覆轉手了好幾次，對它的搶手程度亦有衝擊性。

沃荷是全球知名的品牌，收藏散見全球，不過據說那些手中擁有多幅沃荷作品的超有錢畫商與收藏家，才是沃荷市場真正的翻雲覆雨高手。藝術雜誌《藝術在美國》（Art in America）與《訪問》（Interview）的老闆，與沃荷有私交的媒體鉅子彼得．布蘭特（Peter Brant），公認手中握有沃荷的最佳作品，但是沃荷作品收藏數量最多的，卻以莫格拉比（the Mugrabis）家族莫屬，據說手上有六百件左右。另外納瑪家族與大畫商如高古軒及鮑伯．幕欽（Bob Mnuchin）等也買賣沃荷的作品。這些最上層的玩家，按一名內線消息人士的話來說：「願意不按牌理出牌，以高價競標，為的是要維持或抬高手中藏貨的全盤價值。」藝術拍賣公司一再表示，他們把透明與民主帶到了拍賣市場，然而這些收藏大家的不透明活動，證明藝術拍賣公司自稱把透明與民主帶進藝術市場的說辭不過是講笑罷了。

沃荷有次說：「購買行為比一般所以為的美國更美國，而我偏偏就是美國（消費行為）的典型代表。」在佳士得拍賣會舉行的同時，雀兒喜（Chelsea）的二級畫商克里斯多福．萬德威（Christophe van de Weghe）舉行了一項沃荷展，主題為大型與彩色的「美元標幟」。

這場展覽是對藝術市場致敬嗎？還是一場諷世劇？沃荷當年創作這些「美元」繪畫藝術所透出的諷刺，在他死後二十多年已經煙消雲散。

● 好的收藏手法具備商業可塑性

在紐約，以一級市場為重點的畫廊與以二級市場為重點的畫廊，兩者的主要分別在於地理位置。大多數的一級市場位於西十九街與西二十九街的雀兒喜區，大多數的二級畫廊位於麥迪遜街以外的地區，介於東五十九街與東七十九街之間。類似高古軒之類的畫商兩種地方都會去，每個地方都有自己的交易法。

二級市場交易商需要具備一雙「慧眼」，要有藝術史修養、對市場要敏感、願意冒險，以及擁有穩定的客戶群。他們與一級畫商之間的區別主要是，他們需要有現金做後盾。最強的玩家有資金買進，卻沒有需要賣出的財務壓力；他們對藏品有控制權，而不只是中間商而已。一名交易商嘆氣道：「我總是無法把東西保留在自己手上太久。我真的很喜歡買進，卻一點也不喜歡賣出。如果你對買進的東西太堅持——只買最上乘的精品，那你就不會捨得放手。」

承認自己喜歡出售藝術品的人不多，出售的經驗與買進的風光截然有別。對收藏家來說，只有在面對死亡、負債與離婚三種情形下，才須割捨收藏。因此藝術品脫手難免讓人聯想到，賣方是不是遭遇了什麼不幸，或陷入什麼尷尬情況。貝爾表示，如今由於收藏家積極地介入交易，藝術品的流出又增添了一項新的變數。許多收藏家像畫商一樣，不斷對個人收藏「除舊布新」，他們賣出價格節節上漲、可是顯然無法無限上漲的藝術品，同時也買進他們認為價值低估，卻可能經得起時間考驗的作品；要不就是在比較不流行的藝術家的作品價格變得一文不值之前，及時出脫這些藏品，好將「收藏升級」。蘇富比一名專家解釋說：「許多把收藏品委託給拍賣公司的收藏家，都是見機行事的人，他們的收藏手法非常有商業可塑性。」

「可塑性」是一個很特別的字眼（原文為plastic，與「美容」外科醫師plastic surgery的第一個英文字相同），這個字讓我想起一名美人遲暮的女性收藏家。這名女士有次在喝了幾杯香檳後對我說：「拍賣官就像美容外科醫師，要美容就要找你可以信任的人。」我注意到在幾個位子之外，有一名外型非常年輕的女士，她一頭長長的金髮，但是在目錄上寫字的那隻手卻明顯的蒼老僵硬。再仔細看，我發現她臉上雖然一根皺紋也沒有，卻已經流露出老態。她的頭皮上有一些植髮的痕跡，身上披掛的到處都是首飾與獸皮；七十二歲的年紀，卻打扮成二十二歲的模樣。藝術收藏的「商業的可塑性」，可能真的跟收藏家追求青春，以及決心藉追求新奇的東西讓自己青春不老有關。

跟購買的愉悅與勝利感比起來，出售是一個令人不舒服的苦差事。許多收藏家表示，他們從來不賣掉手中的收藏，即使他們曾經這樣做過。部分原因是一旦有這樣的名聲在外，他們向一級畫商進貨的能力就受到限制。當戈德夫婦幾年前脫手的一件藝術品在拍賣會的目錄上出現時，他們對那次經驗可以用「不堪回首」來形容。傑克當然是一貫的務實，他說：「在拍賣會上出售藝術品的經驗非常不愉快。我忙著促成這筆交易、取得拍賣公司的擔保、交涉讓拍賣品登上目錄封面，但真正拍賣時，我一點也不喜歡它受到那樣的宣傳；我寧願透過畫商私下賣掉。唯一的問題是，不管畫商給我們的是什麼價錢，我總是會想它大概可以在拍賣會上賣到更好的價錢。」對茱莉葉來說，賣掉自己的收藏簡直就是一次重創。她說：「那真是一次可怕的經驗，我好像因為換氣過度、呼吸太快而死掉、好像被人脫光了衣服。拍賣品有拍賣公司的擔保，所以我們不用擔心錢的問題，但萬一沒有人要買怎麼辦？我們擁有那幅畫已經很久，對它有很深的感情，因此感覺上就好像我們自己被人估價了一樣。拍賣時，我們在樓上有一個私人房間，感謝上帝，可以在裡面喝幾杯。我在四十五分鐘的時間裡，喝了三杯蘇格蘭威士忌，可是一點也沒有醉意。」

貝爾遞過來一些利口樂潤喉糖，不少藝術品轉眼而過，三幅湯布利的畫、兩幅亞歷山大・

卡爾德（Alexander Calder）的作品、另一幅沃荷和另外一張昆斯。我拚命想記下收藏家或畫商競標的各種手勢，已經不知道第幾號作品以多高的價位賣出。在拍賣廳內的收藏家，有的用整隻手掌揮手競標，有的用兩根或一根手指，有的揮揮競標牌或輕輕觸擊，有的緊張地點點頭，有的就眨兩下眼睛。卡培拉佐開玩笑說：「我猜人競標的策略跟他們的性生活習慣有關連。若干收藏者不怕拍賣官知道他們想要什麼，他們對自己的需求非常透明化。有些人不斷的逗你、讓你猜他要什麼。」佳士得的電話接線代表，無疑曾經受到指示要提高現場的緊張氣氛，因此他們的競標表情更豐富。有的人沿用了有氣舞蹈的招式，伸長手之後拳頭一轉，有的乾脆稍帶歇斯底里地一喊「競標」！有人的手勢則像交通警察指揮「停止」，每一種手勢都顯示某位不知拍賣大廳喊價正如火如荼、閒坐在家中啜飲紅酒的收藏名家，正準備競標。

「編號三十三號拍賣品是我右手邊辛蒂・雪曼（Cindy Sherman）的創作。十四萬美元起跳。十五萬、十六萬、十七萬、十八萬、十九萬——有新的競標人。坐在後面的一位先生出價十九萬美元，作品以十九萬售出。交易完成。」槌子敲下，交易時間只有短短的三十五秒鐘。

● 出售藝品就像自我純真的真正失落

對熱衷藝術的人來說，出售藝術品時往往有失落感如影相隨，而若是因為失去自己心愛的人而需要割愛收藏，難受更是加倍。在倫敦的一場佳士得拍賣會中，我曾經坐在高挑輕瘦的恩娜．詹姆斯（Honor James，非真名）旁邊。她將父母收藏的六百件藝術品中的九十九件委託佳士得拍賣，當她的家族收藏亮相拍賣時，她會告訴我「那件本來在我父母的臥房中」，或是「這件原來放在大廳的一張桌子上」。

詹姆斯的出身與大多數熱衷拍賣的投資人大不相同，所抱持的價值觀亦截然不同。她不是那種經常搭飛機到全球各地藝術市場中走動的人，而是美國中部的一名社會工作者。她父親去世時，她被指名擔任遺囑執行人，需要清算她父母一億美元的資產，把收入全部捐給當地的一個社區基金會。她說：「我們家族中沒有一個人對我們不能繼承這筆財產不高興，我們毫不感到意外。自己白手創業意義更大；繼承財富可能會毀了一個人，我母親是這樣教導我們：拿人者手軟，人家會對你多所期待。」

詹姆斯的父母是紐約現代美術館國際委員會的活躍成員，但對自己的收藏鮮少張揚。不過她的父親覺得：「與藝術家碰頭非常重要，他收藏的作品，除了傑克遜．波拉克（Jackson

Pollock）外，每一位原創者他都見過面。」雖然每一件收藏的作品後面都有一段故事，但是這些藝術品地位的重要性，他們從不去刻意強調。詹姆斯說：「我記得有年我在杜克大學上大一的藝術入門，我們要了解幾個世紀的藝術作品，到了年底，我們來到現代藝術創作，上課途中我突然在幻燈片螢幕上看到厄希爾・高爾基（Arshile Gorky）的作品，我心裡說：『天哪，我們家裡就有一幅。』課程中所放的幻燈片中的藝術家，我們家裡都有他們的作品。父母從來沒對我們說起，這些藝術品多有價值或多有名。我根本就沒概念。」

出售收藏中頭幾件藝術品最不好過。詹姆斯說：「眼看著波拉克與馬克・羅斯科（Mark Rothko）的作品打包好被搬出家門，就像看著自己的孩子離開家一樣。我不太懂得個人內心的失落感，但當我看見父母的收藏掛在佳士得的陳列廳時，我心中有一股奇怪的感覺，整件事就像做夢一樣。有人去摸這些藝品，有人把它們從牆上取下來。我們長大的過程中，父母根本不准我們靠近它們。」

「第一次拍賣是在紐約，我穿著母親的西裝外套，上面別著她最鍾愛的那支別針，可是心裡還是難過極了，又緊張得要命，不時要躲到女廁裡去喘口氣。第二次拍賣在倫敦，我也緊張得想吐。」不過在那之後，詹姆斯所經歷的銷售過程就一次比一次容易，也比較能感到安慰。「能夠踵繼父母的事業令我興奮，是我跟父母之間的一項聯繫，這對我而言是一個具有洗滌性的淨化經驗。」不過她也承認後來對這個過程變得有些厭煩。「它就好像自我純真的真正失落。你想到的是拍賣的錢可以做多少善事，可是在拍賣廳裡沒有人會這樣想。」

● 歸根究底就是「數字」二字

時間是晚上八點零五分，我們現在看到的是三十六號拍賣品，行情甚高的視覺畫家吉哈德・李希特（Gerhard Richter）的作品。前一天晚上，在蘇富比的傍晚拍賣會上，李希特的一幅重要作品沒有成交，看來眼前的這幅李希特作品也會流標。幾年前，尤其是在紐約現代美術館舉行他的回顧展時，他的作品大家搶著買。柏哲敲了敲槌，輕聲地說：「收回。」我問貝爾是怎麼回事？他說：「拍賣公司自己買下了，因為競標價格沒有達到求售者的底價。李希特熱已經退燒，想要收藏李希特作品的人已經都有他的畫了。」

藝術市場的興旺，因為許多生力軍的加入而更加活絡，一如席格勒所解釋的：「人希望藝術成為生活方式的一部分。購買現代藝術就像前往瑞士巴塞爾（Basel）、倫敦弗列茲（Frieze）藝術博覽會，或是威尼斯雙年展，當然也是像出席紐約這樣的晚間藝術拍賣會，現代藝術收藏家就是根據這些活動來生活行動，要收藏當代藝術品就要買票加入一個俱樂部，與一群熱愛藝術收藏的人定期在某些特殊的地點碰面，在一起欣賞繪畫、一起去派對。它極令人嚮往。」

當人購買藝術品的動機是因為社交原因時，他們的口味與消費模式比較容易受時尚變化所左右。收藏藝術品已慢慢變得像購買衣服，蘇富比一名專家表示：「我們買了一條長褲後經常穿它三年後就不穿了。讓那條長褲在櫃子裡冷凍二十五年，對嗎？我們的生活不斷在改變，各種事物在人生不同階段的重要性也不一樣，我們的一舉一動受我們不斷變化的感覺驅策，為什麼它不能也這樣適用到藝術上？」

以往，藝術所代表的意義，往往超越其創作時代所限制，然而今日的收藏家受吸引的卻是「可以反映我們所處時代」的藝術。要這些收藏家把畫掛在牆上直至看到它不受時間限制的「永久性」報酬，他們沒有這份耐心。專家說，拍賣會上最容易售出的藝術品是那種「可以立即產生好感」，以及那種眾人見了會情不自禁「哇」了一聲，感到驚艷的作品。

四十四號拍賣品是賈斯波．瓊斯（Jasper Johns）最盛時期（一九六〇－六五年）的「數字」繪畫[2]，它也被佳士得自己買進。過去三十年裡，拍賣會上成交價最高的繪畫作品，經常是瓊斯的手筆，他也是目前還活著的行情最高的藝術家。貝爾解釋這幅畫為何沒能賣

2 — 賈斯波．瓊斯（Jasper Johns）的畫作《不實的開端》（False Start），一九八八年在蘇富比的拍賣會中，以一千七百七十萬美元賣出，他在未來的九年裡斷斷續續一直都是現存畫家拍賣最高紀錄的保持人，紀錄一直到赫斯特的《搖籃曲之春》（Lullaby Spring）在二〇〇七年春天，以二千二百七十萬美元賣出後才告打破。赫斯特的紀錄在昆斯的《懸掛的心》（Hanging Heart），二〇〇七年以二千三百六十萬美元賣出時被超越，而昆斯的紀錄亦在二〇〇八年五月被拍賣價達到三千三百六十萬美元的盧西安．弗洛伊德（Lucian Freud）的《沉睡的救濟金管理人》（Benefits Supervisor Sleeping）凌駕。

這項售價創下紀錄的作品的買主，事後經透露分別是由卡達公主阿瑪雅薩（Sheikha Al Mayassa）、收藏家維克多．皮初克（Victor Pinchuk）與俄羅斯億萬富翁羅曼．阿布拉莫維奇（Roman Abramovich）。

掉：「有些人認為瓊斯的招牌色調是灰色，而那幅拍賣品是黑色的，而且黑到連數字都看不清楚。」

這實在有點諷刺，因為拍賣歸根究底就是「數字」二字。不管是作品的標號、日期、標價的增加幅度或是定槌的價格，都是數字的世界；柏哲不斷報出的是數字，貫穿整個拍賣會也是數字，它們是灰色藝術世界中黑白分明的版本。藝術家或是畫家喜歡的是模糊含混，要在灰色地帶創造出代表或挑戰世界的藝術，而定槌的價格是如此清楚明白，它真正的含意是：「不用再多說了。」

達爾文進化論的優雅版

貝爾開始打哈欠，《紐約時報》的記者在椅子上一付累倒的樣子，空氣開始陳滯，我的腦筋開始麻木不清，拍賣品開始看起來都一樣，出席的人開始零零星星地離去。拍賣一如柏哲預測的，開始有些無聊起來。然而突然之間，整個廳又活過來了，大家開始對四十七號作品競標。魯夏的《羅曼史》（Romance）讓全場觀眾都坐直了，不時轉頭觀望，拍賣上的氣氛出現了變化，緊張起來。我不知道是怎麼回事，貝爾說：「有人放出競標訊號；他們不希望別人知道他們在競標，因此他們向佳士得的一名代表使眼色，再由代表把標價傳達給柏哲。這有點像事先套好招，有點戲劇成份在內。」

我瀏覽著在座一小群不斷散發出能量的買家，突然瞥見一位一頭亂髮的魁梧男子離席。他有點像《哈利波特》書中的主角哈利・波特（Harry Potter）的好友海格（Hagrid），之後我猛然想起他是二〇〇二年贏得「泰納獎」（Turner Prize）的英國藝術家基斯・泰森（Keith Tyson）。我尾隨他溜出記者席，看到他在大廳陳放的卡特蘭作品前逗留。這個編號三十四號，以二百七十萬的價格賣出的灰色巨象雕塑，蓋在一張白布之下，它是一尊超現實的「房間裡的大象」（原文elephant in the room亦有「明顯事實未受重視」之意），作品名稱是《無懼於愛》（Not Afraid of Love）。

我告訴他，沒想到會在這裡看見藝術家。

「畫廊每個人都來了，我難不成要獨自一人坐在酒吧裡？我也想看看到底是什麼現象。我對經濟學感興趣，有些藝術家則擔心他們藝術創造的純潔，他們告訴我藝術家去拍賣會是萬萬不可的事，但我才不在乎。」

我問他：「你覺得裡面到底是怎麼一回事？」

他回答：「拍賣是極為複雜的現象，就像疹子。從某些方面來看，它有粗俗的一面，就像色情的粗俗。」

我猜這就是人為何有時會用「淫穢」（obscene）一字來形容交易的金額。我進一步再問：「是什麼感覺？」

泰森回答說：「沃荷的《芥黃種族暴動》以一千三百萬美元賣出。當時我也有一股很大的衝動想舉手競標，但我後來又想到：『以前一定也曾這樣過。』拍賣會的感染力非常強，你可以感受到資本主義的刺激，也很想表現自己有勢力的一面。」

資本主義，這不是你會在拍賣會上聽見的一個字眼。

他繼續說：「我對藝術市場的活動沒有任何成見，它是達爾文進化論優雅的文化版。有些人以非常有效的手段，對一件作品的文化意涵做期貨選擇權投資，高價格買進對最後能夠欣賞它的人沒有什麼不對。人在拍賣會裡的想法與邏輯是：以後有人到我私人陵宮或博物館來，見到這幅畫，一定高興死了；地球上有一千萬名訪客願意付出十英鎊來看畫，因此它就值一億美元。長期來說，經濟與文化價值交互影響，互為因果；短期來說，市場是虛構的。」

遇見這樣一位對市場美學判斷的終極正確性有無比信心的人，極不平常。矛盾的是，泰森也堅持藝術品不能減化到等同貨品的地位。他說：「不像黃金與鑽石，藝術品還另有其他價值，而這就是藝術迷人的地方。商品與藝術的差別在於，前者向你推銷的不是商品本身，而藝術本身卻自有其作價。藝術讓人生值得活過一次。」

● 藝術家早已深諳成功的經營之道

時間是晚上八點三十分，拍賣活動接近尾聲。剛被拿出來的作品是赫斯特的作品，一個泡在甲醛裡的剝皮牛頭。上個月在倫敦的蘇富比拍賣會中，赫斯特入股經營的餐廳「藥房」（Pharmacy）的藝術品與短期陳列品，總共拍賣到二千萬美元，也為赫斯特的「蝴蝶系列繪畫」與「藥櫃系列」創下新的拍賣紀錄，也因為每一件拍賣品都順利賣出。這項拍賣被形容為「白手套拍賣會」，也是史上第一次有活著的藝術家公開與直接委託藝術拍賣公司拍賣。赫斯特得到是定槌價格的百分之百，遠比他委託畫商賣畫、且須跟畫商對分利潤划算。報紙對這次拍賣過程給予頭版篇幅的報導，鞏固了他是當今全球最有名「活」藝術家的地位。

「藥房」藝術品拍賣是奧利弗・巴克爾（Oliver Barker）的拍賣構想。他對首次與藝術家共事的經驗非常興奮與滿意。他說：「赫斯特靈感豐沛，才思敏捷，又工作認真。他展現出完全合作的態度，從同意設計拍賣目錄到行銷時程，他都大力支持。赫斯特有敏銳的生意頭腦，但也勇於冒險，這是了不得的結合。」

許多在拍賣會上非常有斬獲的藝術家，其實是藝術家兼企業家。這也許是因為在生意上賺錢的收藏家，希望在所投資的藝術家身上看到自己的反射。一如另一名從蘇富比跳槽到佳士得的專家法蘭西斯．歐特雷（Francis Outred）所說，也許是因為「今天許多藝術家深諳成功經營之道」，沃荷與他的「工廠」（Factory）就是一個模式。赫斯特跟沃荷一樣，也發展出一套生產策略，確保自己經常有產品跟得上收藏家的需求，他至少六百件「個個都獨特」的點狀繪畫作品，就是一個很好的例子[3]。他也經常在媒體曝光，因此他的觀眾群與作品市場能夠日益擴大，不受狹窄的藝術世界局限。

最後兩幅作品順利賣出。整個拍賣會結束的感覺是：結束了，沒有什麼最後落幕的大動作、沒有鼓掌，只是另外一次落槌的聲音，以及柏哲簡潔有力的一聲「謝謝」。一群群人邊談邊走出會場，我聽見一些在二級市場畫廊工作的年輕畫商嘲笑市場「不理智」的程度，更對普林斯的畫作行情是否曾經破百萬美元大關爭辯起來[4]。

3　二〇〇八年九月雷曼兄弟控股公司倒閉那天，赫斯特工作室的逾兩百件作品，在蘇富比一項主題為「腦中永遠美麗」的拍賣會中直接售出，共賣得一億一千一百萬英鎊，它也是經濟由盛而衰之前最後一次拍賣盛況。赫斯特在二〇〇九年春天告訴我：「拍賣絕對讓你有某種結束的感覺。我當時打算結束（點狀、旋轉與蝴蝶）系列繪畫，但結束實在來得太重。我一直是安靜地在畫這些（手繪藍彩）新畫，而拍賣會是如此喧嘩。那種喧嘩為我結束了一切。」

4　二〇〇五年五月普林斯的一幅《護士》（A Nurse Involved）以一百零二十四萬美元賣出，此後他的作品價格就扶搖直上，二〇〇八年七月，他另一幅跟護士主題有關的畫作《海外護士》（Overseas Nurse）以七百五十萬美元成交。但二〇〇九年七月時，這些畫作的交易價格都跌到三百萬美元以下。

後來排隊取外套時，我碰見曾經在佳士得做事的藝術顧問朵明妮克．李維（Dominique Lévy），她對如何識破拍賣會中的噱頭與障眼法頗有心得。我問她：「妳對今晚拍賣會的評價是什麼？」她回答：「對以五百萬美元以下成交的藝術品來說，市場潛力是令人出乎意料外地雄厚，遠超過以前。不過我對今晚購買昂貴藝術品的市場力量的單薄，也同樣感到意外。」她又用冷靜的語氣表示：「常常在我就要於目錄上刪去一筆沒賣出的藝術品時，柏哲就是有本事再誘出一次競標，這是他近年來表現最漂亮的拍賣主持活動之一。」

八點五十五分，我從旋轉門中走入紐約冷峭的空氣中，柏哲的名句「海撈」，以及他有關羅馬競技場等待勇士競技誰輸誰贏的比喻浮上腦際。今天晚上在場的人，即使最初是因為對藝術的喜愛而赴會，也全都目睹了一項金錢扼殺其他一切意義的壯觀場面。

2

藝術批評課

The Crit

美國的另一端，在洛杉磯的加州藝術學院（the California Institute of the Arts，簡稱CalArts），與紐約的藝術世界極為不同的是，若干師生正在尋找藝術作品中的多重涵義，這些藝術作品在金錢上的價值，至少在此刻變得不重要。我單獨坐在F200教室中，這是一間無窗的教室，教室四周是水泥牆，日光燈在牆上投下灰色的光影。加州藝術學院的這棟建築感覺像地下碉堡，要保護裡面的人不受南加州陽光的引誘。我看了看教室裡的設備：地上舖的是薄薄的棕色工業地毯，有四十張椅子、四張桌子、兩面黑板、一個「懶骨頭」大軟椅。我努力設法想像，偉大的藝術家是如何在這間密不通風的學術空間中產生。

上午十點整，麥可．艾許（Michael Asher）走進教室，他走路的姿勢有點駝背，兩腳也是弓字腿。歷來加州藝術學院的藝術批評這門課都是在這間教室上，而艾許也一直是這門傳奇性課程的教授。他的上法是研討會性質，在課堂中，藝術系學生提出作品讓同學批評。艾許看起來像穿著市井小民服裝的苦行僧，透過他厚厚的黑框眼鏡打量我，一雙眼睛在鏡片後顯得特別大，也透著幾分自然的好奇。他允許我旁聽今天的課程，但是我不能發言，因為會擾亂教室裡的氣氛。

這間教室讓我想起艾許的一件裝置藝術。在一九七六年的威尼斯雙年展中，艾許在國際館展覽廳的一個角落放置了二十二把折椅，他希望這個空間成為一個「功能性」的場所，讓訪者可以在裡面自由進行社交層面的溝通。椅子在展覽結束時撤走，而作品卻用若干黑白照片記錄下來。

一門藝術養成教育中最難忘的課

一直到最近之前，我都沒有親眼見過艾許的實際作品。事實上，他大多數的學生也都沒有看過他的作品，而艾許「情境性干預」的作品（他自己的形容）或「學院性批評」（其他人的說法），經常是不著痕跡。艾許有一件代表性的名作是把畫廊分隔辦公室與展覽場的一面牆拆除，好讓觀眾可以同時看見「無價」藝術品後面的「賺錢事業」。這項展覽一九七四年在洛杉磯的克萊兒·科普利畫廊（Claire Copley Gallery）舉行，但至今仍為人津津樂道。另一件被視為艾許精髓的作品是，他製作了一份目錄，編列了所有自紐約現代美術館的永久收藏中除名的藝術創作。這份目錄只在一九九九年紐約現代美術館的展覽中曇花一現，不過許多人說，這份題目為《美術館繆思：藝術家的省思》（The Museum as Muse）的展覽目錄，其實放在紐約現代美術館禮品店的櫃台下面，知情者可以免費索取。

艾許沒有代表他的交易商，作品通常也不外售。當我在另一個場合問他是否抗拒藝術市場時，他簡潔地回答：「我並不刻意避免商品形式。一九六六年我創作了很多塑膠氣泡，形狀有點像從牆上突出一吋的油漆水泡。我賣掉一件那樣的作品。」

艾許雖然在美術館有穩定的事業，但其藝術創作真正的重要性在於對口述文化的啟發，他的作品也活在藝術家口耳相傳的軼事當中。有關艾許藝展的視覺性紀錄片，千篇一律地不太有刺激性可言。而且由於他的作品都沒有題目（並非「無題」），不太能很快或輕易地引人聯想，而是需要用口頭上的語言來描述。毫不令人意外的是，艾許的藝術創作目的，用他自己的話說：「一向都是希望給予藝術辯論生命，讓它活潑起來。」

艾許自一九七四年以來就開這門藝術批評課。擁有國際聲譽的藝術家如山姆・杜蘭（Sam Durant）、戴夫・穆勒（Dave Muller）、史蒂芬・普林那（Stephen Prina）與克里斯多福・威廉斯（Christopher Williams）等人，都形容這門課是他們藝術養成教育中最難忘的經驗。這門課是如此名聲在外，選課的學生無一不想把握這一生中難得的經驗，一名學生告訴我說，他們是抱著膜拜與先行懷舊的心理來上課。

● **學生授課、老師觀禮**

今天是這門課本學期的最後一堂課，有三名學生要在課堂上做報告。走進教室時，他們都抱著一些雜貨購物袋。三人的年紀都在二十八到三十歲之間，均是美術系所碩士班的二年級學生。賈許留著鬍子，戴棒球帽，穿的是牛仔褲，當他打開黑色的大畫袋時，瘦削，穿著粉紅色恤衫與牛仔褲，十分男孩子氣的哈柏絲進來占了一個位子，並重新安排座椅。與墨西哥女畫家芙烈達・卡蘿（Frida Kahlo）有幾分神似的費歐娜走了進來，她身上穿了條綠色長裙，髮上插了一朵山芙蓉。她把可樂、巧克力曲奇餅乾、小鬆糕與葡萄，一一放在充做盤子的超級市場的超大紙盒中。今天要做報告、接受批評的人，也要負責提供點心；在同學之間，這是他們示好姿態的「和平獻禮」。

自一九六〇年代以來，藝術研究所的碩士學位就成為藝術家事業生涯的首要資格，其次是得獎、擔任駐校藝術家、有一級市場畫商代理、名字與作品經常登上藝術雜誌的評論與特寫報導。另外，畫作還需要被鼎鼎大名的私人收藏家收藏、能夠在美術館舉行個展或團體展，並曾參加國際性的雙年展，以及世人對其作品的欣賞能到可以在拍賣會中轉手的程度。擁有名校的藝術碩士學位，已經成了某種形式的通行證。任何在重大國際性畫展中參展的畫家，從他們的履歷中，不難發現大部分都有名校的藝術碩士學位。

很多人認為洛杉磯藝術界活力那樣不同凡響，是因為當地有許多首屈一指的藝術學校。加州藝術學院、洛杉磯加大（UCLA）、藝術中心（Art Center）、南加大（USC）與歐狄斯藝術暨設計學院（Otis College of Art）吸引了無數藝術系學生與藝術家，畢業以後也永遠不願離開那裡。學校，加上便宜的房租、宜人的氣候，以及與紐約相隔十萬八千里，不受後者的藝術市場風潮影響，為藝術家形成了一種可以讓他們放膽嘗新的環境。尤其重要的是，洛杉磯的教學環境不像其他地方一樣在他們的藝術生涯上留下一定的烙印。事實上，許多洛杉磯的藝術家認為教學是他們「日常習畫的一部分」，專任聘書不只是賺錢的工具，而是為他們的名譽加持。

一群群學生湧進教室，大家忙著打招呼。沒有一人是空手而來；一名學生帶著手提電腦，另外一人帶著睡袋，還有一人帶著一個硬枕。

人記得自己說的，比記得他們聽進去的多。在若干藝術研究所課程中，藝術批評課可能是由五名專家告訴學生他們對學生作品的觀感，而洛杉磯若干藝術學校的這門課室中，講話的絕大多數是學生，老師只是在一旁觀禮而已。群體批評提供一種絕無僅有的情境，每人都需要把重點放在作品上，盡量去了解作品的意涵。當然也有人把這種情境形容為烏托邦式。藝術批評課也可能是一種痛苦的儀式，有點像交叉詰詢，藝術家被迫去合理解釋作品的用意，並為自己可能不成熟的意見辯護。不管是哪一種方式，藝術批評課與那種看五秒鐘就決定買賣，以及「金錢決定一切」的拍賣會與藝術展，有如南轅北轍。沒錯，藝術批評課通常不被認為是藝術世界中的活動，但我認為教室裡的一切動態，都與了解藝術世界是如何運作息息相關。

一隻黑色的小獵犬跟著牠的白人主人一起走進來。隨著他們身後跳進教室的是一隻白色的愛斯基摩長毛犬，牠不斷擺動尾巴，且停下來舔了我的腳趾好一陣子。一名學生向我解釋說：「只要狗不吵，牠們可以留在教室裡。我有一頭法國鬥牛犬，但是牠會打呼，因此我沒法帶牠來上課。我帶的是另一隻狗——弗吉爾，雖然牠有時也會吵，但課變得乏味時，弗吉爾替我們發出心聲。狗是吸收情緒的海綿，對人的情緒非常敏感。」

賈許把兩幅畫得很好的鉛筆畫掛在牆上。畫風近似杜蘭的風格，後者也是加州藝術學院的國際知名教師之一。其中一幅是賈許的自畫像，畫中人旁邊有一個既像非洲酋長，又有點像披著祈禱巾的黑人猶太教師的人。賈許這種安排手法令人想起伍迪·亞倫（Woody Allen）在《變色龍》（Zelig）電影中的執導手法，主角反覆在穿插電影的舊紀錄片中出現。

●「真正的自我表現」

早上十點二十五分，每個人都已就座。艾許雙腿交叉，手中拿了一個記事板，他向賈許的方向發出一個奇怪的聲音與點頭示意，課便開始了。賈許的開場白是：「哈囉，大家好……」他中間突然停頓了一下，然後繼續說：「我想你們很多人都知道我最近發生了一些事情。在這學期一開始時，家中遭到一些變故，我兩星期之前才好轉。所以……我只是想展示我這段時間中一直思索的一些概念。」

艾許的撲克臉上什麼表情都沒有。學生無動於衷地注視著前方，有的人晃動著杯中的咖啡，有的人把腳翹在椅把上，不斷地擺動。一個指甲沾滿顏料的學生，眼光不斷自他的畫板與眼前的景象中逡巡，顯然是在利用這堂課來寫生（寫生不是加州藝術學院藝術所的正式課程，只有動畫系才會教這門課）。兩名女學生在打毛衣，其中一人坐得直直的，在織一條米色的圍巾。另一人盤腿坐在地上，左邊擺了一堆綠色與黃色的毛線方塊，右邊是一個惹人注意的老皮箱。她對我說：「拼織棉被，」然後又急忙澄清說：「只是我的嗜好，不是我的藝術作品。」

此時，形形色色的學生各據一方，身邊不是有狗，就是各有各的特別活動。就算藝術批評課是一門表演行動藝術，學生似乎也不是那麼全力在「表演」，而是在尋求「真正的自我表現」。許多人是舉債來此深造；單是每年學費就高達二萬七千元，即使有政府助學貸款補助、有助教或其他兼差工作，兩年研究所念下來，學生發現自己已經欠了五萬美元的債。要當藝術家，是既花錢，又花力氣的事。

二十四名學生——十二男、十二女在教室四周分別坐開來。一名穿西裝、抹髮膠的男子走了進來，他跟在座多半穿著絨衫與牛仔褲的男學生顯然很不同，好像是從雅典來的。緊跟著他進來的是一名穿格子衫的金髮青年，活像好萊塢版的農場工人。他站在全班前面，仔細端詳牆上的畫，回到教室後面，打量全場，終於選定一個座椅把背包放在上面。這名青年從容地走到食物桌前，跪下來給自己倒了一杯橘子汁。此人是艾許的助教，他一派自在的舉止是艾許包容風格的標記之一。又有兩名男學生走到食物桌前；他們吃零食，卻不交談。教室裡活動不斷，但沒有耳語的聲音，也沒有人傳字條。艾許堅持，他的課堂中沒有規則，但是學生必須聆聽與彼此尊重。然而明眼人一眼就看得出來，這項傳統有不少詮釋的空間。

坐在椅子上，賈許的身子前傾，兩個手肘壓在膝蓋上。他一隻手捋著鬍子，另一隻手壓在前胸，嘆氣道：「我在大學部念書時研究過種族與認同問題，後來去了以色列，還是有同樣被錯置的感覺。我想我這次的研究報導可以定名為『人「累」學』。我一直在研究跟非洲猶太人血統有關的事務，以及他們祖先的不同故事。我也把自己寫入非猶太裔部落傳統的題材。有一個奈及利亞部落，他們用獸角杯喝棕櫚製的淡酒，喝得不省人事。我把自己寫進故事裡，有點像方納圓鑿，格格不入。」說到這裡，他又發出一聲長嘆。一隻狗身上掛的項圈輕輕地響了起來，另外一隻混血狗也抓了抓地。賈許苦笑著說：「我對嘻哈文化的認同，其實超過對猶太（音樂）文化的認同。」他開場報告時的鬆鬆散散，此時開始有點搖搖欲墜。「對不起，我做得糟糕，我不知道自己為何在此。」

● 過去對創作的篤定如今全部解體

很大一部分學生目光盯住自己的雙腳。艾許清清喉嚨，身子轉向賈許，但是一語不發；打毛衣的人動作慢了下來，教室的空氣彷彿凝固。終於有一名女性打破沉默說：「我的感覺是猶太人一點都不酷。我們在哪裡看得到『猶太藝術』？在史克堡文化中心（Skirball Cultural Center），不是加州現代美術館（ＭＯＣＡ），也不是哈默美術館（Hammer Museum）。」語氣很重地說：「為什麼這麼多白人要象徵性地表現出是黑人的樣子？我認為這是因為他們可以轉移自己的挫折，多多少少想去證明自己是對的，這樣他們便可以落水狗的姿態發出批判的聲音。也許你可以告訴我們，你為什麼會把自己錯亂地投射到非洲人身上？」

在藝術批評課堂上表現得語無倫次，並不像我們所以為的那樣沒面子。在加州藝術學院的教學法中，理解上的中斷是很重要的成分，至少也是藝研所學生應該要經歷的體驗。在藝研所藝術家群中唯一擔任專任教師的作家李絲莉・狄克（Leslie Dick）告訴學生說：「為什麼要來念研究所？這跟你們花了一大堆錢要讓自己改變有關。過去你們對藝術創作的篤定，如今都全部解體。你們開始搖擺不定、覺得什麼好像都沒意義，這就是你們在此的原因。」狄克昨天曾與我在加州藝術學院外的露天咖啡店一起喝咖啡。她穿著一件簡單的白襯衫，鬆鬆地放在窄裙外，除了紫紅色的唇膏外，臉上完全脂粉未施。她承認教師可能對學生的學習陣痛見怪不怪，因為他們看過這種情況不知多少次。「第一學年總是什麼都可能肢解得七零八落，但第二年它們又開始拼湊回來成為整體。自覺可以看清藝術的人往往還沒有開始創作，他們還滿副武裝地自以為是。有時是某個學生根本不受教，你一點辦法都沒有。」

我在洛杉磯停留時，問過各式各樣的人：「什麼是藝術家？」這是一個相當基本的問題，但得到的回應是如此激烈，叫我感覺自己一定是觸犯了什麼禁忌。當我問學生這個問題時，他們表現得震驚無比，一名學生回答說：「這太不公平！」另一個學生說：「你不能問這樣的問題！」在一所大學擔任高級職位的一名藝術家指我這個問題「愚蠢」，一名重要的藝廊策展人說：「哦，你的問題只能用那種幾乎是累贅的重覆方式回答。對我來說，藝術家就是創作藝術的人。這是一種循環性的論證。你看到一位藝術家時，便知道藝術家是什麼樣子。」

狄克不敢相信有人會對這個問題發怒。她說：「藝術家從事創作時其實是在遊戲，但它是最嚴謹的那種『遊戲』。就像一個兩歲的孩子發現如何用積木蓋一個塔，這絕不是半調子的事。你是在「使無變有」——拿出東西的內涵來，將其創造成一件可以呈現給全世界的作品，做完了才覺得了卻心頭事。」

● 藝術來自失敗

十二點四十五分，藝術批評課討論已經進行兩個多鐘頭，班級一半以上的人都已經發言了，但是艾許本人仍然一言未發，也沒有人直接討論過賈許的繪畫。雖然討論是知性的，要感覺全班都完全投入還是不容易。我顯然是空降到一場非常抽象、大家都還在摸索的辯論當中。許多評論都是零零碎碎、沒有系統的意見，很難要學生們不失去全副注意力。

幾年前，我曾經開車到聖塔莫尼卡（Santa Monica）去看約翰·鮑德薩利（John Baldessari）。有著六呎七吋高的壯碩身軀與一頭亂髮和白鬍子的鮑德薩利，是南加州藝壇和藹的霸主。有次我聽見人叫他「大猩猩聖誕老人」，但我卻總是會對他聯想到上帝——米開朗基羅在西斯汀教堂所繪的那個嬉皮老人。鮑德薩利在一九七〇年，也就是加州藝術學院成立那年，開了「後畫室藝術批評」（Post-Studio）的課，而儘管如今他已是國際畫壇上的一方之霸，仍願意誨人不倦。雖然加州藝術學院是以畫家的名義聘他，但那時他已經利用不同媒體素材探討視覺藝術。我們坐在他家的後院大陽傘下，把腳翹得高高的，啜飲著冰水，他告訴我，他不願意把他的藝術批評課叫做「觀念藝術」，因為聽起來太狹隘了。「後畫室藝術」一詞的好處是，它可以適用於所有不從事傳統藝術創作的人。「有幾名專事繪畫的學生離開了，但所有不以繪畫為主的學生我都留住了。艾倫．卡普洛（Allan Kaprow，行動藝術家）那時是副院長，是他跟我聯手與畫家教授分庭抗禮。」

鮑德薩利在藝術界作育英才無數，雖然他現在在洛杉磯加大教書，但他代表的「智庫模式」，在加州藝術學院實行得最為透徹。他的名言之一是「藝術來自失敗」，他告訴學生：「必須不斷嘗試新事，不能只是老坐在那裡，擔心做錯，說『畫不出傑作我就不畫。』」我問他怎麼知道哪一堂藝術批評的課成功了？他把身子往後傾，沉思了片刻，終於搖搖頭說：「你不會知道。通常我以為自己主持了一堂精采的課時，它其實不是。我真正在教學生時，其實是渾然不覺。你永遠不知道學生會吸收哪一點。」鮑德薩利認為，藝術教育最重要的功能是破除藝術家的神祕感：「學生需要了解，藝術是人創造出來的，而這些人跟他們沒有兩樣。」

●展現出自己的觀點才是王道

下午一點十五分，教室裡顯然陷入停頓，艾許終於開口說了他第一句話。他的眼睛緊閉，雙手緊緊交叉放在大腿上，說了聲「對不起」的開場白。學生抬起頭來，我滿心期待，等待聽到他充滿智慧珠璣的話。但是，他沒有這麼做。他只抬頭看了看賈許的畫，然後以他藝術上一貫的極簡風格說：「你為什麼未透過語言文字或音樂表達你的作品？」

加州藝術學院早期高唱的是「在需求產生前不須技巧」，表示沒有必要的話，技巧便是多餘的。傳言若干藝術學院只負責教導學生「手腕部分」（換句話說，他們的教學重點在於技術），而加州藝術學院教育的卻是「手腕以外的部分」（他們重視大腦，對於手須負責的藝術部分不怎麼去管）。今天在加州藝術學院，教師的看法極為分歧，狄克說：「我們的看法彼此不一致。」但普遍的信條是，如果藝術家的作品不能展現若干觀念上的活力，他們不過是偽裝藝術家，從事的不過是插畫或設計罷了。

繼艾許拋出問題之後，教室裡出現若干繪畫觀點的討論。下午一點三十分，賈許剝了一個橘子，有人的肚子咕嚕響。艾許略略地舉起一根指頭，我以為他會宣布下課讓學生去用午餐，可是他卻問：「你想要表達的是什麼？賈許，讓小組開始討論。」賈許看起來累慘了，心情低落。他不情不願地把一片橘子放進嘴巴裡，之後臉卻突然一亮說：「我大概是想要在繪畫中表現出政治行動主義的活力吧。」這句話讓全班都醒了過來。在「後畫室」藝術批評課中，政治是討論的樞紐。一名看起來很成熟的墨西哥學生，立刻抓住機會再次藉題發揮，他之前已經對有關「美國國土安全的狗屁言論與美國的以色列化」大表不滿。他振振有辭地發表五分鐘高見之後，坐在教室另一端的一名混血女性也發出平靜卻尖銳的回應。兩名學生唇槍舌戰互不相讓，忿忿不平中夾雜著熱情，也讓我忍不住猜測他們是否彼此喜歡。

● 藝術作品會自然挑起辯論

藝術批評可能是凝聚群體意涵的機會，但這絕不表示學生上完一學期的課會有同樣的價觀。艾許的藝術批評課的特色週週不同（每個學期也都不一樣），因為設定學期議程的是學生。這個傾向無疑也因為艾許交出課堂的威權而強化，他說：「終極說來，後畫室教室是學生的，不是我的。」

小組藝術批評在美國，是課程中已約定成俗與相繼成習的一部分，歐洲等地在某種程度上也是如此，只有少數老師拒絕這種教法，形容自己的教學風格是不受任何成規拘束的大衛・辛基（Dave Hickey）是其中之一。他滔滔不絕地用他那特有的美國南方腔說：「我有一項原則是，我不做小組批評。小組批評是一種社交活動，只會徒然強化成規，推動的也只是制式的討論，平白讓未完成與不夠格的藝術享受特權。」辛基告訴學生說：「如果你沒病，不要打電話給醫生。」其實認為藝術家沒有自我解釋義務的人，不只辛基一人，他宣稱：「我不管藝術家的意圖是什麼，我只管作品是不是能引起某種後果。」

口試成為測驗視覺作品的主要方式，說來有些奇怪。女性觀念藝術家瑪莉・凱利（Mary Kelly）認為，藝術家透過藝術批評方式來陳述他們的意圖沒有什麼錯，但不應是唯一的方式。四十年來曾在戈史密斯藝術學院（Goldsmiths，屬於倫敦大學）、加州藝術學院與洛杉磯加大等地執教的凱利，與我見面時，梳了一個四〇年代流行的、將頭髮後攏與前面突起的怪髮型，一名作家曾形容這個髮型就像凱利的「輔助腦袋」。她最先給人一種嚴厲女校長的印象，但坐在她家廚房採訪她、品嚐她親手烹製的濃湯時，我可以從她委婉的談話中，充分體會她母性智慧的一面。八〇年代中期在加州藝術學院執教時，以及現在在洛杉磯加大授課，凱利採用的完全是一種另類的小組藝術批評法，唯一不能在團體中發言的是提出報告與作品的人。

凱利告訴她的學生：「絕不要去讀掛在牆上的創作解說，絕不要詢問藝術家，要學會去閱讀作品本身。」她的見解是，藝術作品會自然挑起辯論，因此「當你要求藝術家解釋作品含意時，只是製造出一種類似的平行討論。」更重要的是，藝術家往往不盡然懂得他們創造的藝術品代表什麼，因此觀眾的解讀可以幫助他們在「一個有意識的層面明白自己的作品」。凱利相信欣賞藝術作品要有適當的準備，她說：「它有點像瑜珈，你必須放空腦袋，讓自己去體會各種可能。」一旦大家的心態都對了，就可以從現象上著手，去解讀「文字解說中各種具體、表徵性的東西」。她說：「我們往往最快讀到的是繪畫中偏離的符碼，但最重要的問題是知道何時停止。」她認為我們要問的是：「這是繪畫的文字解說嗎？還是你自己讀出來的東西？」這時她打住自己的詮釋，認為「我們可能扯遠了」。

要練習找出藝術作品中具溝通性的意涵，凱利的藝術批評教學方式似乎足為模範，不過大多數的藝評家更擁護複雜的多重目標：在觀念性藝術作品的藝術市場不斷擴大之際，藝術家的人格、責任跟作品所散發出的特殊美感一樣重要。曾經上過艾許的課，後來更曾兩次替他代課的製片威廉・瓊斯（William E. Jones），強烈主張應該在藝術批評課堂中詢問藝術家的創作意圖，他認為老師應該為學生打下專業的基礎，因為「接受專訪、與藝術批評家對話、發布新聞、製作目錄與海報或說明文字，這些都是藝術家的部分責任」。在這種場合下，瓊斯覺得「藝術家可以訓練自己臉皮厚一些，因而慢慢會覺得批評只是一些辭令，而不是人身攻擊」。最後，藝術系的學生需要對自己的動機有深厚的了解，因為在研究所中，要去發現自己哪一部分的技能可以擴展，是非常重要的事。瓊斯解釋：「你必須找到一件對自己來說是真正有意義的事——這個毫無商量的餘地，會讓你定心度過四十年的習畫生涯。」

藝術教育史重頭書《藝術主題》（Art Subjects）的作者霍華・辛格曼（Howard Singerman）認為：「學生在藝術學校學到最重要的事是，如何做為一名藝術家，以及如何實至名歸。」即使許多學生對畢業時稱自己為「藝術家」，不是感到百分之百坦然（他們經常需要畫商、博物館畫展或教職的進一步肯定），但在許多國家，藝術家身分認定的根源，往往就在這半公開的藝術批評教室中萌芽。

畢業後的出路是什麼？

下午兩點，教室裡又陷入很長的一段沉默。賈許兩隻眼睛一直看著自己的雙手，走廊盡頭傳來陣陣笑聲。坐在我旁邊、有著一頭棕髮的瘦小女生，做了一個水墨雙心；一個鬍子剃得乾乾淨淨的男生盯著他的手提電腦，悄悄地透過教室網路檢查自己的電子郵件；教室後面一對男女學生倚牆而坐，彼此對看。

艾許說：「讓我們想一想要如何收場。賈許你自己有什麼想法？」

賈許輕聲且半開玩笑地說：「我非常感激每個人的意見與批評，也非常想在下週的個別會議中再次見到諸位。請在我的辦公時間簽名排定次序。」他現在的神情比剛才好多了，他已經度過了考驗。好幾次同學對他的藝術批評差一點就變成團體治療，但同學的訓練有素讓討論不致脫軌。

「三點鐘恢復上課。」艾許說。

學生迅速地魚貫離開教室，大家都想要呼吸一下新鮮的空氣。哈柏絲是今天要報告的三名學生之一，表示願意載我到全食超級市場（Whole Foods Market），因為大家都要在那裡買中飯。四個學生與我一起擠進哈柏絲的紅色本田老爺車。我坐在後座中間，聽著他們各自發表意見。起先這群學生辯論是誰在班上說了最多的話，一名女學生說：「他實在太目中無人，自以為老大。當他說『我不懂』時，其實他說的是『你是白痴、你的話毫無意義』。而且為什麼他做的每一項觀察都是以立場聲明開頭，以建議閱讀書目結束？」

另一名男同學說：「我倒覺得他很不錯，很有娛樂性，沒他的話，大家都要睡著了。」

第三位學生說：「他過於僵化、一派政治正確，卻又十足大男人口吻，而且三者同時兼具。」然後他轉頭有點高興地說：「到他做報告時，一定會被批評得一塌糊塗。」

然後他們又談到艾許，一個人說：「他顯然是要讓你自掘陷阱。」

另一人接著說：「艾許的作風極簡抽象而不著痕跡，有時讓我覺得可能他會從我們眼前消失。」

第三人說：「你不得不喜歡他，他是真正用意善良，可是他在自己的設計公式中迷失了。他應該穿一件白色的實驗袍。」

我們的車子經過幾戶家家都有兩、三個車庫的人家，綠色的草坪與落葉樹木，讓人忘記了這裡原本的乾燥景觀。顯然加州藝術學院的畢業生提姆．波頓（Tim Burton），從學校所在的瓦倫西亞（Valencia）一帶的住家得到若干靈感，而將其運用到所拍攝的《愛德華剪刀手》（Edward Scissorhands）電影中。

學生們念完碩士研究所後打算做什麼？

我左邊的男學生說：「我念研究所是因為想在社區級的大學教書。我原是一家藝廊的裝置藝術師，但我對創意概念有興趣。我感覺接受學校教育後，我的作品可能會更好。」

前座的男同學說：「我的作品會是現成的商品。我知道製造商品不符藝術系的宗旨，但是我想做的事就是去創造那種全然為銷售服務的遐想型經濟。」

哈柏絲想了一想說：「畢業後要做什麼？那是最大的問題。回澳洲去喝酒。我不想教書，我寧願當服務生。」說話之際她將方向盤打左，駛進超級市場的停車場。

我右手邊的女孩爬出座位時說：「我只是想在畢業時盡可能地耍一招怪招。有一年，一對雙胞胎同時騎著白馬領取畢業證書；另有一年，一名學生帶著墨西哥樂隊上台，不過本人最喜歡的一招是，一名男學生對著院長的嘴唇來了一記熱吻。」

● 重點在於發展出自己的聲音

全食超市中充滿了新鮮的氣味，並讓人試吃各種新式口味，我在賣墨西哥捲餅的自助食台前，把大堆的酪梨醬與黑豆包在餅皮裡，心裡琢磨著：「藝術系學生要體會畢業後的深淵到底有多困難？」也許有兩、三位幸運兒可以找到畫商或藝術展策人贊助他們的畢業展，但大多數的人不會一步登天，馬上就有這樣的社會背書；許多人會連續失業好幾個月。凱利一度認為，藝術所的學生畢業後不能以專業全職藝術家身分養活自己是令人沮喪的事，不過後來她了解：「這一點都不讓人悲哀。我相信教育本身的意義，因為它是如此能夠教化人性，並教會你如何充實自我。」

藝術學院的教師可能明白，藝術教育的價值不只是培養「成功的」藝術家，但學生卻不是那麼確定。雖然加州藝術學院的學生自認與洛杉磯加大的學生不同，看不起後者「眼裡只有錢」，但他們自己誰也不願沒沒無名。赫許．帕爾曼（Hirsch Perlman）是一名雕刻家兼攝影家，曾經在市場上炙手可熱，也曾經多年只能靠在校兼課貧窮度日。目前他是洛杉磯加大的專任教授，可是言語之間仍感覺像個局外人。他認為：「蠢蠢欲動的藝術市場都潛伏在這些學校的下面，每個學生都以為進了這些名校之後，事業就此一帆風順，但十之有九會大失所望，發現根本沒有人談前途這件事。每當我提起藝術世界的這一面時，你都可以感受到學生的飢渴，他們非常想知道這一面。」

大多數的藝術系所對藝術市場視同未見，而加州藝術學院似乎更是完全背對著它。若干教師是務實派，認為學生需要發展出獨立於市場口味之外的藝術計畫，另有一些教師更是採取左翼立場，相信新的前衛藝術應該顛覆藝術商業。史蒂文．拉文（Steven Lavine）自一九八八年以來就擔任加州藝術學院的校長，戴眼鏡、外交官出身的拉文談起加州藝術學院的口氣，就像得意的父親談起兒子。他說：「每個人都是左派口吻。」但是他不知道加州藝術學院其實到底有多左。「我們跟世界有若干妥協，因此我們只能說自己是中間偏左。」一拉文是那種典型的思維與眼界高超、態度與作法卻腳踏實地的人，這也是加州藝術學院的特色。拉文說：「我們是理想主義，我們不打算把學生栽培成只知沿襲目前已有的藝術型式，而是培養學生發展出自己的聲音。每一所不凡的學術機構都有自己的靈魂，背叛它是不對的。在加州藝術學院，每個人都希望自己創造的藝術品跟當代藝術討論中的話題有關，而不是最可能大賣的藝術型式。」

回到校園後，哈柏絲與我走到二年級研究生的畫室。這裡其實是兩排面對人行道的小教室，學生在人行道上留下的各式塗鴉，儼然把這條人行道轉變成「名人大道」；上面的金星與已畢業學生的各式簽名，指涉的是好萊塢大道上影星簽名的風氣，同時，它也點出一個藝術批評討論中未曾提出的問題：藝術家需要為自己揚名立萬。人行道上，星星上方用黑色噴漆繪成的米老鼠耳朵，似乎挫了幾分藝術家的銳氣，也可能是對華德·狄士尼（Walt Disney）的一種調侃式的禮敬。外人可能想不到的是，加州藝術學院的創辦人恰是華德·狄士尼。

好萊塢無形中影響了洛杉磯藝術世界的格局；藝術系學生畢業後，不靠賣畫或教書養活自己的人，可以在好萊塢戲服、佈景與動畫設計部門做事。有時藝術家社群與演員社群會重疊。揚言「藝術是演藝事業」的魯夏，曾經與影星兼模特兒羅蘭・赫頓（Lauren Hutton）約會熱戀；演員丹尼斯・霍柏（Dennis Hopper）也是攝影家兼收藏家；加州藝術學院畢業生傑瑞米・布雷克（Jeremy Blake）曾為保羅・安德森（Paul Thomas Anderson）執導的《戀愛雞尾酒》（Punch-Drunk Love）負責抽象數位工作，像他這樣遊走於兩個世界的加州藝術學院畢業生有好些。然而在校園裡，我還是可以感覺到大多數藝術系所學生對商業景觀有公開的敵意，好像加州藝術學院成立的目的是要喚起影藝事業的良知，是它昇華的分身。

哈柏絲打開她的研究室。所有研究生畫室的門上都有放大的姓名、卡通數字、百花拼圖，甚至浮雕。她指著畫室裡的一座冰箱、一個小爐與一個充作床舖的長沙發說：「每位研究生都有一個自己的空間，一天二十四小時都可以使用；我以此為家。我們不應該這麼做，可是很多人都不管規定。」她補充說：「工作坊旁邊還有淋浴設備。」研究室的面積有十二英呎平方大小，地面是水泥地，白牆上已見髒痕，但天花板挑高到十二英呎，還有朝北的天窗，使得這個工作場所還過得去。

離此不遠處，費歐娜的同學正在觀賞費歐娜畫室中的創作展示，整個畫室與創作都是下午討論的主題。費歐娜的報告題目是「畫室二二」，牆面與地板上有四張畫布，畫布邊緣外顏料四散紛飛，淡淡的字跡與筆觸有湯布利作品的神韻，而地板上的顏料讓人想起波拉克的「滴畫法」。屋角的書桌與若有若無的女性空間暗示，令人想起維吉尼亞．吳爾芙（Virginia Woolf）的《自己的房間》（A Room of One's Own）。諷刺的是，由藝術批評課的名稱「後畫室藝術」看來，這些創作過度強調了畫室的重要性，甚至過度詮釋了畫室的浪漫，感覺上情緒雖在這裡宣洩，卻未全然釋出；不是浪瀾壯闊或英雄氣概，而是切切私語與再三固執。在這裡你可以感覺到費歐娜的瘦小與寂寞，而在其中一張畫布上，你幾乎可以看得出來有一個字是「學習」。

● 批判讓研究與分析走在直覺前頭

回到地下的F200教室，學生的座位安排已經跟今天早上不一樣。現在是下午三點十五分，費歐娜耳後仍插著山芙蓉，現在坐到一張桌子後面。打毛衣的女孩之一這時趴在地上，一手撐住下巴，專注地看著費歐娜；另外一名男性則躺在地上，兩隻手托住頭，看著天花板。費歐娜正在設定討論的規則，她很委婉，但也很堅定地說：「我做事有點像精神分裂；我會做枯燥的社會政治學領域的工作，但我過去一直、將來也繼續從事繪畫工作。我喜歡這個過程，在製作『畫室』計畫時我做的所有決定都非常正規，我不想做『批判性』的創作。」她邊說邊放下頭髮，並理平她的裙子。「偶像性的五〇年代的抽象表現主義曾經受到不折不扣的陽剛性侵略，我希望重新探討抽象主義，並用自己的手探索空間詩意的一面。」

費歐娜介紹後不久，一個坐在地上，手上拿著夾腳拖鞋的女學生說：「我覺得妳呈現作品概念的深度極有意思。『畫室』在我們的這個課程裡頭很需要加以合理化。」大家都在思索她的這番回應時，艾許說話了：「妳看見畫室體制的限制嗎？詳細點出來可能比較好。」這名女學生顯然不是口才辨給那型，拚命在想應該如何用確切的措辭來說明，終於說了句「加州藝術學院的意識型態偏見」之類的話。

幾天前，若干學生在藝術系所辦公室的臨時會客室流連。在院長辦公室外走道上的這定點，擺著一張長沙發與一張咖啡桌，給人一種醫院候診間的感覺。我在那裡趁機去了解在校園中聽見的一些術語，「批判性」是我術語名單上的第一個字。一名躺在長沙發上的年輕攝影家說：「它不能跟『尖刻』或『敵意』混淆，若是那樣，下意識其實持的是負面看法。」一名正在美術所念博士班的學生說：「它是一種深度調查，好揭開一種辯證法。」一名表演藝術系學生說：「如果你不動腦操作，就不是批判。」她男友對她的話點頭贊同。我們談話之際，一名大約六十歲的非裔美國男子走出辦公室。此人原來是觀念藝術家查爾斯・蓋恩斯（Charles Gaines），學生向他招手示意。他過來後學生代我向他提出問題。

他簡單扼要地表示：「批判是一種讓知識產生的策略。我們這裡的看法是，藝術應該質詢它所處時代的社會與文化思潮，其他地方側重的可能是要藝術挑起快感或情緒。」當然如此！概念藝術主義在一九六〇年出現時，部分是針對抽象畫派的反動；對一種讓研究與分析走在直覺與本能前頭的藝術創作模式而言，批判是唯一的通行密碼。

蓋恩斯離開後，我探索另一個字眼：「創意」。學生一聽全都皺起鼻子表示噁心。其中一人嗤之以鼻地說：「創意絕對是一個禁用的髒字，你絕不會在『後畫室』學派中使用，會笑掉人的大牙！創意跟「漂亮」、「壯觀」或「傑作」這種詞彙一樣，令人感覺沒有程度。」對這些學生來說，創意是一種「濫情的陳腔濫調，不是搞藝術的人會使用的詞藻」；它屬於「本質主義者」（essentialist）的觀點，跟美其名為「天才」的「假英雄」有關。

創意不在藝術學校的課程上，也許是因為有關藝術家創意的核心，基本上被認為是無法教的？艾許認為「藝術創作中的決定經常是社會性的」，但是他屬於少數派。大多數的藝術家兼教師認為，創意是無法教授的一種極端個人化的過程，這種思考結果是，學生入校時就應該具備這種本領，也因此，創意是學校招生的唯一考量。校長拉文說：「我們對有原創力的學生是張開雙手歡迎。這些人也許有點古怪與固執，但我們希望招收的學生有時是對自己的世界中憤世嫉俗那種人。」矛盾的是，許多藝術教育家認為藝術家可以自學，優異的學術表現有可能是反向指標。擔任加州藝術學院藝研所所長十年之久的湯瑪斯・勞森（Thomas Lawson）告訴我說：「我們找的是那種不太能適應一般高中的孩子。」

● 透過視覺方式思索文化問題

勞森的辦公室是這個樓層少數有天然採光的辦公室之一。蘇格蘭裔的勞森與艾許顯著不同，他對視覺藝術有堅定不移的信仰。他的口才極好，著述亦豐，經常給《藝術論壇》投稿，也是一本叫做《畢竟》（Afterall）的刊物副總編輯。當我提出「什麼是藝術家」的魯莽問題時，高大謙虛的勞森以老練的耐心、抑揚有調的蘇格蘭腔英文回答我說：「他不一定是一個可以透過畫廊出售一大堆藝術品的人。藝術家會透過視覺方式思索文化問題。有時是透過任何可能的方式思索文化問題，但其根基是在視覺上面。我八〇年代末期以訪問藝術家身分到這裡來時，美研所有一種危險的趨勢，對從事『看不見』的藝術工作的畢業生給予極大的讚美。然而就像電影業的人說，點子一分錢買到一打。藝術工作者必須透過某種方式表達靈感。因此我擔任院長後，一部分的使命就是恢復對視覺藝術的重視。」

目前在加州藝術學院，教員陣容中有畫家，但絕不是以畫家為限，這所學校已經建立起有容乃大的名聲，對任何藝術型式都樂意包容。勞森承認：「有人說我們不是一所情感上以畫家為主的學校。沒錯，但是我們有一套公開而智慧的制度，做為一個學術團體，我們非常重視智慧。只要你能自圓其說，什麼都可以嘗試。」不過在我追問默默作畫畫家的命運的事上，勞森承認：「我是畫家，我知道繪畫跟說話無關，技巧的問題與犯錯的問題非常相似；你的實驗在某些人眼中可能非常恐怖，但在其他人眼中卻可能非常才氣橫溢。這是非常奇怪，也非常難以辯護或解釋的事。」反諷的是，加州藝術學院最受矚目的畢業生都是畫家：艾瑞克・費雪（Eric Fischl）、大衛・薩爾（David Salle）、洛斯・布萊克納（Ross Bleckner），以及最近的勞拉・歐文斯（Laura Owens）、英格麗・卡拉米（Ingrid Calame）與莫妮克・布里托（Monique Prieto），不過這些人的成功，可能是藝術市場對家庭容易接納的兩度空間藝術有龐大的胃口使然。

行動藝術表演的模仿秀

時間是下午六點二十分。教室裡的對話與其說在兜圈子，不如說到處亂竄。五名男學生在後面已經坐不住了。其中二人雙手胸前交叉，不斷地左腳翹在右腳上、右腳翹在左腳上，另外三人則是沉默地走來走去。有一名男學生背對著費歐娜，另一人明顯在看《洛杉磯時報週刊》（LA Weekly）。在大多數的藝評課中，嚴禁對同學的作品做明確的價值批判，但還是可以從眾人的肢體語言中，讀出他們的反應。

好的藝術家不一定是好學生，反之亦然。藝術系學生素有「會演戲」的聲譽，學校因為學生的叛逆性，因為他們不尋常的藝術表現而將他們招收進來，有時他們令學校不知如何處理自不足怪。

偶爾模範老師與藝術系學生之間的關係會遭到危險的扭曲。在洛杉磯加大的藝術批評課程中，一名學生穿著深色西裝、打著紅色領帶出現在教室中，他從口袋中掏出一把槍來，在彈膛中上了一顆銀色的子彈，然後對準自己的腦袋，扣了板機。板機響了一聲，但子彈沒有發射。那名學生後來衝出室外，連續幾聲槍響傳進來。他後來在教室裡再度出現，同學們訝異他居然還活著，不少驚魂甫定的同學後來幾乎是「含著眼淚」進行分組討論。

這樁意外不知只是克里斯．波頓（Chris Burden）過去在系裡面的一項歷史性行動藝術表演的模仿秀，還是向它致敬。一九七一年，波頓在橘郡的私人畫廊舉行一項名為「槍擊」的行動藝術，在受邀觀眾的眾目睽睽之下，友人向他的胳臂開了一槍。這是他當時七十六項探討人體承受耐力極限，並延伸人對藝術概念的行動藝術之一。

學生開槍的那堂藝術批評課雖不是由波頓負責授課，但洛杉磯加大每個人都感覺到這是變態模仿波頓當年的行動藝術表演。當他得知這項意外時，他告訴我的想法是：「哎喲，糟糕，這不太妙。」他的立場很簡單：「這個學生應該立即開除，他已經違反五項校規，可是學務長不知如何反應，所以什麼行動也未採取。她以為這是戲劇表演。」

波頓並指出：「『表演藝術』的名稱遭到濫用，它其實跟戲劇表演恰好相反。在歐洲他們其實稱其為『行動藝術』。當一位行動藝術家說他正在從事某種創作時，進行式其實是他最強烈的感覺。」教了二十六年的書後，這位藝術家兼教授辭職了，他告訴學務長說：「我不要在這種不理智的行動中攪和。謝天謝地幸好這名學生沒有轟掉自己的腦袋，如果他三長兩短，你就麻煩大了。」波頓不相信學術機構，因為他們缺乏責任感，而且經常端出官僚作風與心態。他說：「要長期做一位好的藝術家，你得相信直覺與本能，而學術界是建立在理性的集體思想基礎上。藝術有著煉丹術般的奇妙魔力，但學者總是對攪動那口黑鍋的藝術家感到懷疑。」

● 一味大膽沒有意義

艾許看看手錶，現在是傍晚七點零一分。我陷入做白日夢的「後畫室」的平行宇宙中。藝術批評跟「身在其中」有關，同時要讓你的思維自由流動。這時教室裡的人漸漸減少，原有二十八人，現只剩下二十人。學生進出的動作很慢，以免打斷教室的活動。只有在電話震動時，學生才會快速地走出教室去接電話，而回來時，也總是輕手輕腳地穿過七零八落的座椅、地上的紙屑、伸出的長腳與沉睡中的狗身旁。

晚上七點十分，在學生又陷入一段長時間的沉默後，艾許站起來等待，沒有人說話。他終於開口了：「今天晚上我們需要吃晚飯嗎？」一個學生問他：「你要做飯嗎？」

我們下課休息，並利用下課時間點披薩。女學生走出教室時，把吃剩的東西丟進垃圾桶裡，而男生則千篇一律地把垃圾留在椅子上。我走過加州藝術學院的走廊，走到塗滿噴漆的地下室長廊，上了超寬的樓梯，經過已經關門的自助餐廳，走到展覽區；實驗性的拉丁音樂演奏在整棟樓流淌。我走到建築前門外，走入一片漆黑之中，但看見費歐娜從礦泉水水瓶中啜飲龍舌蘭酒加橘子水。

我問她：「妳的感覺如何？」

「我不知道。」她有點困惑地說：「有點像你的意識時有時無。這麼多人批判你的作品，說些你從來未曾想到的事，讓你開始不知如何回應。」

草坪上的灑水器突然開了，但是水聲難掩銜接加拿大與墨西哥的州際五號公路傳來的車聲。

費歐娜繼續說：「要從藝術批評課程中有最多的收穫，自己原來的全部決定與完全願意重新考慮每項決定，兩者之間你必須微妙地調和，一味大膽沒什麼意義。」

費歐娜與我猛吸了一些寒冷的沙漠空氣。她補充說：「我希望嘗試不同的東西。有時學生只做一些會受好評的作品，但出了教室之外，這些作品常常無足輕重。」

我們又回到地下室參加第三部分的藝術批評。六個上面寫著「熱又香的披薩」的紙盒已經送到了，而且剩下沒幾塊。一名男學生走過來對費歐娜說：「我從來沒聽過艾許說這麼多話。」他表達的是一種最高的讚美與肯定的舉動。這番評語讓我覺得有些好笑，因為我感覺艾許其實說得不多。

● 攝影、西部與荒謬

八點十五分，艾許朝哈柏絲看了看，問他：「準備好了嗎？」

三幅中型的彩色照片釘在牆上，其中一幅是一匹馬站在樹旁，第二幅是兩個牛仔好像要展開對決，第三幅則是一名特技演員自沙漠當中彈起後後翻，正要跳回彈簧墊上。哈柏絲探討三個議題：攝影、西部與荒謬。她的臉上泛出紅暈，顯示她內心感到緊張。她談到照相機在「視覺歡愉與敘述攝影」中是一個「粗暴的工具」，隨後由衷地說出心底話：「湯瑪斯曼（Thomas Mann）曾說，所有的女性都痛恨女性，我承認自己內心也有這種矛盾。我明知千人一面的刻板說法是錯的，但還是會從裡頭得到快感。」最後她談到自己作品中的幽默成分：「它跟身體有關而且粗糙，是我最信任的語言。」

現在教室裡坐了三十四人，是整天當中數目最高的紀錄。若干學生的男友或女友都來「共襄盛舉」，狗的數目也增加了，而且五顏六色不一而足，六隻狗全在爭食編織蓋被女學生丟給牠們的餅乾。學生的坐姿也逐漸改變了，有幾人把腳翹在好幾張椅子上，許多人共用枕頭與毯子。

成功的藝術批評可以成為長久闡釋性共同體或藝術次文化的基礎。傳言，莎拉・盧卡斯（Sarah Lucas）、蓋瑞・休姆（Gary Hume）與赫斯特等後來被冠為「英國新秀藝術家」（Young British Artists，簡稱YBAs），他們是在麥可・克萊格—馬丁（Michael Craig-Martin）於戈史密斯藝術學院教授的藝術批評課當中，因志同道合而「歃血為盟」。戈史密斯藝術學院多少可以視為英國的加州藝術學院，多年來，英國的藝術學校中，只有戈史密斯藝術學院將繪畫、雕刻、攝影與其他藝術系熔於一爐，成為單一的美術學院。與其他大多數的英國學校相比，戈史密斯藝術學院也將相當的責任下放學生手裡。在我前往洛杉磯之前數月，我曾經在克萊格—馬丁位於伊斯林頓（Islington）的畫室中，訪問過現在已是榮譽教授的克萊格—馬丁。他表示：「對藝術系學生來說，最重要的是同儕團體。藝術家為了作品未來要有發展，須跟裡頭原來就有的藝評人建立友誼。如果你看藝術史，便知道所有文藝復興時期的藝術家都認識他們同一時期的同好。」立體主義派也不是單幹戶型的天才，他們最偉大的作品都是在友誼激盪下創作出來。誰是梵谷最好的朋友?高更。」

F200教室裡的討論進行到藝術家「戲劇角色」的熱烈討論。哈柏絲說：「藝術世界像西部世界，充滿了牛仔、妓女與紈褲子弟。羅伯・史密斯（Robert Smithson）是一個理想化的英雄，也英年早逝。布魯斯・努曼（Bruce Nauman）買了一座農場將自己孤立起來；詹姆斯・杜瑞爾（James Turrell）戴誇張的牛仔帽、穿牛仔靴。」新世界的疆界，是洛杉磯不少藝術家思維中不可或缺的成分。我訪問波頓前，開車經過許多乾枯的山丘與橡樹，才來到他在托帕亞峽谷（Topanga Canyon）荒野中的畫室。他向原來地主的孫女買了這塊地，波頓解釋說：「這塊地只轉過兩次手。到這裡來，你會感覺到空間與潛力，外在的環境成為精神與靈性的事務。藝術家需要有做先鋒的拓荒精神。」

●徹夜不眠的藝術家們

星期五晚上的九點十五分，艾許可能是本棟教室中唯一留下來的老師。艾許過了幾天之後對我解釋說：「我對時間沒有一套理論，它是非常簡單而實際的事。要清楚地調查，便需要時間，這是這裡唯一的不成文規定，少了這個條件，就有淪於膚淺的危險。」艾許不記得從什麼時候開始課拖得很長，或是怎麼開始的。「學生有很多東西要說，不過我們不能想上多久就上多久。」

許多藝術家教授認為，艾許的作法與作風是一種瘋狂的跡象，不過帕爾曼欽佩他這種奉獻精神。他說：「我欣賞這個構想。自願無酬教是一回事，激發學生有興趣延長上課時間，又是一回事。」的確，過了五點之後，艾許的確是自己承擔一切開銷，而學生也是自動自發地來上課。加州藝術學院對校園全天候開放感到驕傲，而「後畫室」教室在加州藝術學院自由的學術風潮中更是自成一格。

費歐娜在「懶骨頭」上睡著了，她的嘴巴微張，身上沒蓋東西。有人的電話像貓叫般響了，教室裡的人都笑了。一名學生走了出去說：「問題總會問完的……」

晚上十點零五分，教室裡的一隻狗在睡夢中呻吟起來，另一隻像甜甜圈一樣蜷曲著身子。

弗吉爾是教室裡最聰明的狗，對教室裡的一切動向都非常機靈敏覺；牠睡著了，但是每逢主人發言時，一隻耳朵便翹起來。一名女生躺在桌子底下，我突然意會到我左邊那一對不斷想壓抑笑聲的同學，一定是喝醉或抽了大麻。艾許的特殊教學作風說明了一切：這不是一堂課，而是一種文化。但是它什麼時候才會結束？有那麼一剎那，我感覺教室裡進行的是一種奇怪的儀式，要把藝術家社會化和加以折磨，不過我又理智過來，在教室裡坐了十二小時之後，我也在地板上躺平了。

我們跟一般人的理性上班時間愈走愈不一樣，教室裡已經自成一種生活型態。「波西米亞」並非什麼好詞，因為它經常跟陳腔濫調連用，但這個名詞用在今晚倒也合適，因為當初巴黎人採用這個跟流浪的吉普賽人有關的名詞時，形容的就是徹夜不眠的藝術家與作家，完全不把工業社會的壓力放在眼裡。

今天早晨我在高速公路上開車時突然意識到，到加州藝術學院求學，就像在暢通無阻的公路上開車，有一種獨立、不受干擾的莫大快感，尤其是看到對面車道的汽車在車陣中寸步難行。大洛杉磯地區與其說是一個城市，不如說是一個太陽系，鄰近的城市有如不同的星體，從加州藝術學院到聖佛南多山谷或比佛利山莊的地理距離不是那麼遠，但心理上的距離有如天高地遠。

有幾個人已經睡著了，顯然有人睡個四十五分鐘再回來重新加入討論是正常的。我注意到教室裡沒有時鐘，後來更注意到每一扇藍色的門上方都有「出口」的標示，有人更在標示的下方寫了「伊拉克」一字。在這充滿藝術氣息的場所，連一扇門都不是無聊的方塊，那個空間已成了一個要表現的是戰爭蹂躪的地景。

● 以保羅．麥卡錫為自我期許與鼓勵

在地上躺了一、兩個鐘頭後，我也想起來自己為何在此，我是要對若干問題取得一些「實地」的答案：藝術家在藝術學校學些什麼？藝術家的定義是什麼？怎麼成為藝術家？如何才能成為好的藝術家？對前三個問題，答案非常廣泛，但對最後一個問題的答案都不外「努力」二字。洛杉磯加州現代美術館首席策展人保羅．席默爾（Paul Schimmel）言簡意賅地說：「天份是一把兩刃的劍。與生俱來的天賦稱不上是你真正擁有的，只有當你不斷鑽研努力、不斷奮鬥、並必須努力掌握的技能，才能真正稱得上是天份，也才可以創造出非常好的藝術。」

如果努力與耐力都是要成為好藝術家的重要條件，這項馬拉松藝術批評課程的工作倫理無疑是一種良好訓練。艾許愛用的字眼之一是「做得成」。當我問他這門課的重要性時，艾

許謙虛地回答，可能跟上課的「精神」有關。秉持著上窮碧落下黃泉的精神去創造是關鍵，而耐心更屬必要。一名學生在休息時間告訴我：「如果沒有什麼意見好說，也會成為一個問題，這時討論就真正有趣了。」

一所好的藝術學校提供了好的場所，讓你在這裡感覺到你有好的觀眾。帕爾曼說：「每一位藝術家都覺得他們是承先啟後的大藝術家，成功就在眼前。他們在哪一個階段都沒關係，這也是好笑的地方。」在洛杉磯，每個人都會以影像藝術家兼雕刻家保羅・麥卡錫（Paul McCarthy）自我期許與鼓勵，麥卡錫長期被埋沒，後來終於被人發掘與受到賞識。每個藝術系所的學生自認這也是他們的寫照。

腳步在長廊上回響，是一名帶著對講機的警衛。我告訴自己要起來了。我選了一個新座位，重新坐下。現在是午夜十二點十二分。午夜是一奇妙的時刻；艾許繼續慢慢地記筆記，學生們有點浮躁起來，大家都有點像喝了水果酒後的酒醉感。大家又開始分享食物，「好時」（Hershey's）巧克力球與其他巧克力糖在同學間傳開，討論開始變得有點模糊不清，同學常常搞糊塗了，但是大家仍可以感到彼此都相當開誠布公。討論轉到哈柏絲拍攝的猴子騎腳踏車錄影帶上，每個人都笑翻了。

時間是凌晨十二點五十五分，已經沒有人躺著。教室裡整天呈現的都是「搶位子」遊戲，學生們心中的奉承與憎惡心理，跟他們的發言一樣，在大家怎麼坐與坐在哪裡上展露無遺。此刻各人發表意見之間的時間空檔拉長了，又過了好一陣子之後，艾許說：「這附近有酒吧嗎？」這句話有點荒謬，但它是展現師生一體的一種姿態。課程結束了，但「再見」二字並不能向這一學期來在這間教室裡所受的藝術洗禮表達出最高的敬意。艾許離開教室；學生魚貫走出教室時，許多人感到失落。一名學生說：「看到老師離開，很傷感。」

教室已經人去樓空，但我還要逗留一會兒，看它最後一眼。雜貨購物袋中裝滿了垃圾，橘子皮與點心包裝紙灑滿一教室，空蕩的教室不再有枯乾與學術體制的感覺，留下的是複雜與受到啟發的感受。不管是否被視為藝術，「後畫室」藝術批評是艾許最大與最具影響力的作品。這項歷時三十年的「學術體制下的藝術批評」課程，暴露出藝術學院其他課程的不足。它是一幅佳作，艾許坐在裡頭多重風暴的暴風眼當中；它也是極簡風行動藝術的呈現，藝術家坐在裡面關懷地聆聽，偶爾才會清清喉嚨簡單地說幾句話。

3

巴塞爾藝術博覽會

The Fair

今天是六月的第二個禮拜二，因此我一定是在瑞士。上午十點四十五分，全球最重要的當代藝術博覽會十五分鐘後就要開幕。在這棟通常用來舉行商展的黑玻璃建築中，看不見藝術家與藝術系學生的蹤影，倒是收藏家到處可見。他們有的只是百萬富翁，有的身價超過十億，然而手裡都拿著類似信用卡的貴賓通行證，不少人在研究會場攤位配置圖，好找出最快的觀展路線。從前，在藝術銷售還不成氣候時，若干收藏家會等到展覽快要閉幕時才進場，找尋價美貨好的珍品，但是如今沒有人會這樣做，因為到了今天中午的時分，能買的東西可能已經寥寥無幾。

藝術市場的長盛不衰，是會場中常可聽到的一個話題。一名身穿倫敦名裁縫師剪裁的西裝、足蹬黑色耐吉運動鞋的老紳士說：「泡沫什麼時候會破？」他的一個朋友回答說：「我們無法在這裡回答那個問題。我們進入了一個藝術的新天地，擴張的規模是文藝復興時期以來首次見到。」老收藏家皺了皺眉說：「天下沒有永遠持續的事。我已經感覺到熊市的出現，自一月以來，我好像只花了兩百萬美金。」然而大部分大手筆的藝術投資人，都喜歡把「擴張」掛在嘴邊。一名美籍收藏家說：「泡沫其實誤解了經濟現實。一個世紀以前，沒有人有車，現在人有兩、三輛車。藝術也是朝這個方向走。」過去二十四小時中，有一百架私人噴射機在巴塞爾（Basel）降落，一名拿鱷魚皮皮包的女士有點不好意思地對她朋友說：「飛機若只有我一個人搭，會讓我覺得自己太揮霍，因此當兩位策展人表示願意搭『便車』後，我鬆了口氣。」

巴塞爾博覽會現場入口是一排金屬旋轉柵門，並有穿藍制服、戴藍扁帽的女警衛站崗看守，嚴防閒雜人等進入，進出博覽會猶如穿過邊界關防。其實巴塞爾機場的通關檢查還沒有這裡嚴格，我從不只一個地方聽到，博覽會現場連狗都有參展單位所發的照片識別證，可是我向主辦單位一名主管詢問此事時，他回答說哪有這種事，狗是絕對不許進入會場的。

瑞士人處處守法，就像其他國家的人動輒違法，這種文化上的差異曾經讓博覽會主辦單位困擾，因為多年來，不少收藏家與藝術經紀顧問屢屢在會前就溜進場地，要找到一定的攤位好對心目中的理想獵物先下手為強，也希望在別人有機會目睹陳列的藝術品前，他們就能夠先行磋商交易。巴黎交易商艾曼紐・裴洛汀（Emmanuel Perrotin）曾經被主辦單位拒絕入場，因為他將參展人通行證私相授給了藝術經紀顧問席格勒與佳士得老闆平諾。為了補償裴洛汀的顏面與金錢損失，席格勒承認付給裴洛汀三十萬美元以息事寧人。

今年，巴塞爾博覽會的安全措施格外嚴格，我只聽到有一人祕密闖入——席格勒。據說有一頭濃密深色頭髮的席格勒，在好萊塢化妝師協助之下，打扮成一個禿頭的男子，以航運公司的通行證進入博覽會。至少傳言是如此。但現場熙熙攘攘的人潮中，並無席格勒的蹤影，我打電話到他的手機。他承認：「嗯，我也聽到了謠言。有些人『以為』看見了我……我喜歡人有想像力。」

精華中之精華的博覽會

在博覽會的活動熱烈展開前四處打探，是一種愉快的享受。昨天我在現場布置階段溜進來參觀，瑞士畫商的攤位中，箱子堆得老高，沒有員工的影子。若干藝廊的負責人，正在對陳列的藝品做最後的調整與安排燈光，還有一些幾經周折才重新回到這個國際畫商菁英俱樂部的人，正在用手指抹拭畫框頂端，看看有無灰塵。傑夫．波（Jeff Poe）說：「我已經準備好末世大決戰！」波與友人合作的洛杉磯畫廊「布倫與波」（Blum & Poe）前一年被禁止參加。波不滿地說：「他們從來沒給個合理的解釋。不過這一切都過去了，我們不計前嫌。」

巴塞爾藝術博覽會（Art Basel）號稱他們主辦的是「精華中的精華」，但對誰可以參展操生殺大權的六人委員會，也有他們的偏見與怪癖；瑞士的畫廊與歐洲風格的當代藝術受到格外的禮遇，而有些人戲稱「歐洲風」的當代藝術其實是「枯燥藝術」。決選委員會當中的一名委員向我解釋說：「從威望的角度來看，巴塞爾博覽會可說是對畫廊的生命操有生殺大權。一家畫廊若不得其門而入，外界馬上就會想到它的重要性可能不如別家，而如果一家畫廊連續兩年受到拒絕，營業就可能因此毀了。」

波與合夥人提姆．布倫（Tim Blum），素以發掘藝術新秀與助其開拓事業聞名。布倫緊張易怒，波則氣定神閒。儘管兩人性格差異很大，他們的名字經常被人搞混，忘了布倫是棕髮與中量級身材，而波則是輕重量級，並有著一雙藍眼和深色的金髮。他們代理的一名藝術家，過去形容他們兩人的關係與早期的畫廊經營有如「秤與錘」，加起來事半功倍，分開來一事無成。布倫是在加州橘郡長大的天主教徒，我告訴他一名生意上的對手曾經形容他們兩人畫廊裡的「男生太多」時，他不在乎地聳聳肩說：「我想他們的意思是，我們是雄性旗幟鮮明的畫廊，處處受睪酮素的驅動，屬大口喝酒型。沒錯，我們是很勇猛、充滿西部風，我們的成功嚇倒很多人。我們用自己喜歡的方式經營，所以才能捧紅所代理的藝術家。我們對這些藝術家有信心，而且我們是賣命地工作。」

在布置展場時，布倫站在一幅畫工精細無比的三聯繪畫前面，正與他們代理的明星畫家村上隆（Takashi Murakami）用流利的日語交談。兩人不斷笑著爭論作品的價格，日語當中不斷爆出英語數字——「八十萬美元」、「一百萬美元」、「一百五十萬美元」、「兩百萬美元」。在這幅名為《727-727》五彩力作中，村上的「他我」——一個卡通造型的DOB，騎在雲霧波浪之上，充分展現了畫家畫技的精湛與特殊的風格。村上最早一幅《727》被紐約現代美術館收藏。而這一幅新的《727》更複雜，成就也更高，若干藝評家誇它「既是登峰造極，又是開創新局」。數名收藏家還沒看見作品就紛紛有意搶進，但是這幅作品到底值多少錢？

波說：「村上對這幅作品要求太嚴，好幾名員工因而辭職。」波在西洛杉磯長大，在開始經營畫廊前，曾經是一個叫做「幸福宿命論者」（Blissed Out Fatalists）藝術搖滾樂團的主唱。我對他說，我聽見村上要在紐約的高古軒畫廊（Gagosian Gallery）展覽，波坐了下來，並示意我在他旁邊的空椅坐下，問我說：「妳是從哪裡聽來的？」在藝術世界中，閒言閒語永遠不寂寞，它是一種重要的市場情報。

● 藝術與品質仍須先於金錢

參觀了布倫與波的攤位後，我跟山繆．凱勒（Samuel Keller）一起到各個攤位去探索。凱勒自二〇〇〇年以來就一直擔任巴塞爾博覽會的經理，他今年四十歲，儀表堂堂。從他鬢鬍剃得乾淨俐落，以及皮鞋擦得光亮看來，不難看出他細膩的一面。凱勒在巡視全場時，用法語稱讚畫商，用充滿手勢的義大利語與參展人開玩笑；有一名交易商不滿她的攤位地點，他則語氣溫和地用德文安撫，我甚至聽見他用希伯來語與人寒暄。能操多種語言的瑞士人的所有最佳特質——謙和、中立、國際色彩與追求品質，似乎都在凱勒身上找得到。他有本領讓自己不顯得大權獨攬，並延攬諮詢顧問協助他決定哪些新秀藝術家可以進入只為少數才華之士保留的「藝術表述」（Art Statements）展覽廳，讓這些藝術家有舉行個展的機會，他也徵召策展人協助遴選哪些大型的博物館收藏能夠進入「藝術無限」（Art Unlimited）展覽空間。凱勒手下甚至有二十二名「藝術大使」，在不同的領域擔任溝通管道。如果你只看這一切的表面，你會以為他是在舉辦一個國際高峰會，甚或是搞他口中的「聯合國」，而不是在為一個營利的企業舉辦博覽會。這項策略無疑讓巴塞爾博覽會近年能凌駕昔日的科隆國際博覽會（Art Cologne）、芝加哥藝術博覽會（Chicago Art Fair）與紐約藝博會（Armory Show）。後者近年都已淪為地方或區域性的活動。

巴塞爾博覽會的舉辦場地是一個專門為展覽而建的大廳。用德文來說，它的名稱是「Messe」，英文也可以翻成mass，跟彌撒或望彌撒有關；自從中世紀以來，這個字也指假日舉行的市集，而今天這個名詞已延伸適用於任何商展。博覽會主建築的外觀有如黑色的玻璃盒子，裡面有一個透明玻璃圍出來的環形中庭，三百個畫廊攤位沿同心圓分布在上下兩層的方形廣場，動線清楚，個個都不難找到。藝術受到這樣高度的需求，建築本體需要隱身退位才行。建築的天花板高度適中，不會讓人去特別注意；畫商也稱讚牆壁的品質，即使是最重的藝術品它也承受得住。更重要的是，人造採光乾淨潔白，與從天井上方透進來的仲夏陽光調合得恰到好處。

當巴塞爾藝博會首次於一九七〇年開幕時，看起來像跳蚤市場，繪畫靠牆堆放，畫商將畫布挾在脅下進進出出會場。而今日藝博會提供的是讓人肅然起敬的環境。凱勒用他瑞士腔的德文解釋說：「如果你先追求的是藝術與品質，錢會接踵而來。我們對藝術家也必須做同樣的決定。他們是創作了不起的藝術呢，還是賣錢的藝術？即便是對藝廊來說，情況也是一樣，他們是商業性質還是有所信念？我們都處於類似的狀況。」

收藏是個人的眼光與願景

上午十點五十五分，會場向貴賓開放五分鐘後，邁阿密一對有收藏癖的夫婦唐·魯貝爾與美拉·魯貝爾（Don and Mera Rubell），在兒子傑森陪同下走進全是有錢人的人潮當中。魯貝爾夫婦穿著運動鞋與寬鬆的休閒褲，身上到處都有口袋與釦子，好像一對老人家準備去健行。他們是不露聲色的財主，對眾人均一付志在必得的樣子感到好笑。魯貝爾一家是在一九六〇年代開始收藏藝術，但一九八九年後手筆開始變大。唐的長兄史蒂夫・魯貝爾（Steve Rubell）是紐約著名的五十四號狄斯可舞廳（Studio 54）與一家大旅館的共同創辦人，一九八九年去世後，偌大的財產留給了唐。魯貝爾一家對博覽會前的騷動再熟悉不過了。唐說：「你剛開始收藏時，非常想跟人比高下，但到頭來你學會兩件事。第一，如果藝術家一心一意只想創造出一件好作品，我們就不必去搶。第二，收藏是個人的眼光與願景，沒有人可以將它從你手中偷走。」

藝術世界的圈內人很把「正當」的收藏理由當一回事，可以接受的動機包括對藝術的喜愛或對藝術家的慈善性支持。包括畫商在內的人都討厭投機客，而望重一方的收藏家最厭惡的，莫過於把收藏當作社會晉身梯的人。美拉說：「有時候我都不好意思說自己是收藏家。收藏家會引起有關財富、特權與勢力的聯想。」唐滿懷愛意聽著妻子說，並補充：「而且它暗示收藏家無能。在藝術世界中，收藏家大概是最不專業的一級，他們只消開支票就行了，別的什麼都不用做。」一九六四年結為夫妻的唐與美拉，都有著布魯克林平易近人的口音，兩人的身高相差了足足有一英呎之多。他們兩人與我的對話有如接力賽，美拉說：「收藏家應該是靠自己努力的一個領域。藝術家不會在一夜之間就成為藝術家；同理，收藏家也該是這樣，它是終生的過程。」

魯貝爾夫婦有一座美術館，裡面有二十七間展廳，輪流展出家中的收藏。他們也有一個研究性質的圖書館，裡面的收藏多達三萬冊。美拉說：「我們拚命閱讀、到處看實品；我們聽人發表高見，也到處旅行。我們的一舉一動都跟藝術有關。我們把賺來的每一分錢，及所有的資源都花在藝術上。」她半舉著拳頭說：「但它不是犧牲，這是真正的特權。」

雖然他們的收藏包括自一九六〇年代以來的作品，魯貝爾家族對所謂的「新興藝術」特別有興趣。「新興」標幟著時代的轉變。當一九八〇年代人們開始對「前衛」藝術這個名詞感覺不妥時，他們改採「尖端」藝術一詞，而現在，「新興藝術」所代表的是，藝術世界對市場潛力的期待已凌駕了先鋒性的實驗，而個別藝術家零零星星此起彼落的模式，也推翻了過去先驅性出類拔萃的藝術家那種承先啟後的線性歷史。對貝爾家族來說，最大的樂趣莫過於率先到場；他們搶在別的收藏家之先，最早到藝術家的工作室參觀、最早購買他的作品，以及將之最早展出。美拉熱切解釋說：「你會在年輕的藝術家身上發現無比的單純，當你在他們的首展或第二次展出中購買作品時，你是在建立年輕藝術家的信心與建立他們的地位。收藏絕不僅是購買一件作品，它是因為購買而進入一個人的生活，以及跟著他們的作品一同往某個地方去。這是一種共同的承諾，非常密切。」

我問這對夫婦，可不可以尾隨他們進場觀察他們的購買行為時，美拉花容失色地說：「絕對不可以，這好像要求進入我們的臥房參觀一樣！」

● 新面孔不斷

上午十一時，收藏家相繼進場，他們在不失身分與尊嚴的情況下，快速閃過旋轉柵門與安全警衛。一名收藏家在我身後半開玩笑地說：「你擠得不夠厲害！」對一流藝術有興趣的人，在一樓轉角處失去蹤影，追逐「新興藝術」的人則登上手扶梯。我被人潮擠上了樓，一眼就看見芭芭拉・葛萊斯東（Barbara Gladstone）的攤位。一位收藏家曾經告訴我：「芭芭拉是我羅盤上的一個指標；我的羅盤指標分別是：北、南、西與芭芭拉。」在巴塞爾藝博會上，葛萊斯東的攤位在最前排，直接面對天井，這個位置對一個自一九八〇年來就經營畫廊，而且是紐約藝術世界屬一屬二畫廊的人來說，自是恰如其分。葛萊斯東有一頭黑髮，身上穿的是同色的普拉達設計。在她向你展現親切實在的一面之前，誰會想到這位優雅高貴的女性，曾經是在長島一所大學兼課教授藝術史的家庭主婦？

葛萊斯東站得筆直，邊與一對年老的夫婦談話，邊指揮工人如何懸掛馬修・巴尼（Matthew Barney）的《繪圖限制九號》（Drawing Restraint 9）中兩幅高製作水準的攝影，同時邊對在一廂等候的其他收藏家微笑致意與致歉。她的四名員工在攤位四周各據一角站立，但也因為忙著招呼不同的收藏家而無法分身。葛萊斯東說：「第一個小時是既令人興奮又感到恐怖。收藏家把我們當第一站是很大的恭維，可是此刻根本不可能有真正的交談，我要靠大家擔待。」在她經營的畫廊中，葛萊斯東非常喜歡與客戶深度討論代理藝術家的作品，但在博覽會中，她說：「你就好像阿姆斯特丹紅燈區的妓女一樣，困在這些小房間中，一點隱私都沒有。」

葛萊斯東的作風是在她的攤位中只陳列幾件重要作品，她說：「我不希望我的作品看起來像一個糟糕的團體展。展覽的要訣是為每件作品找到空間，讓每件作品都可以呼吸。這表示要掛比較少的畫，並考慮好作品主題上的關連性與觀賞的連貫性。」有些人認為，一個好的攤位應該呈現一種藝術態度或藝術品味，應該宣示畫廊品牌。葛萊斯東笑著抗議說：「我不知道葛萊斯東品牌是什麼，我對藝術的欣賞品味來自觀點主義，我喜歡有個人獨特眼光的藝術家，而我也希望每一位藝術家能夠獨立地呈現自我。」

「我是芭芭拉．葛萊斯東，你好嗎？」她向一名耐心等候她的男士自我介紹，把手伸向他時，頭像小女孩般歪了一歪。她巧妙地避開其他想跟他說話的人，與那名男士走到一幅普林斯開男子嫖妓玩笑的粉紅色繪畫前，向他解釋說：「這是普林斯第一幅從一九七〇年代的少女雜誌中取材的影像，然後像他利用作廢的支票一樣，他把影像拼湊到畫布上。我們看得出來，在這幅作品中他顯然擺脫了過去的畫風，是他奠定新風格的一刻。」

葛萊斯東承認她的議程比「以往更加複雜，因為現在我們已經把銷售視為理所當然」；為了「生活藝術與欣賞藝術而收藏作品」依舊重要，但因為藝術市場的驚人成長，區別真正的收藏家與投機客也比以前困難。投機客是以營利為目的，深諳藝術品的市場行情，另外也有二級市場畫商冒充是收藏家，葛萊斯東說：「以前我幾乎人人都認識，如果我認得的人不是我的客戶，我也叫得出來他們的名字。但是現在則是新面孔不斷。」

●買得吃力的藝術村落

在巴塞爾藝術博覽會，很少會看見銷售吃力的例子，但聽見「買得吃力」的可能性愈來愈多。有如一名收藏家所形容的，他的自我推銷重點包括，有意無意地透露他個人收藏中的精品、他是某某美術館採購委員會的委員、他總是樂於出借展品，以及經常承攬展出與目錄的製作費用。葛萊斯東說：「知道哪些人有影響力，需要有這方面的經驗與能夠合理猜測的能力，有時也需要打幾個電話去請教。藝術世界仍然是一個村落。」

協助我了解拍賣世界的佳士得專家卡培拉佐這時走進來，在現場充滿交易商與收藏家的緊張互動氣氛中，她看起來格外輕鬆。她解釋說：「博覽會總是比拍賣會輕鬆多了。有時人站在自己心儀或代人購置的藝術品前，有一種特別的感受，我可以看見即時實際交易的魅力。」容光煥發的卡培拉佐向我坦白說：「我剛剛買了一件非常好的作品。」她告訴我她是多麼喜歡嘉布利耶．歐羅茲柯（Gabriel Orozco）的作品，告訴我她和女友已經收藏了幾件這位有影響力的墨西哥藝術家的作品。然後好像突然想起藝博會是拍賣會的競爭對手，她連忙補充說：「在樓下，交易商很明顯無法提供品質最佳的藝術品，我看到好幾件回鍋的作品。」然後臉上又泛出笑容說：「可是，哇，我真是高興！」說時還張手比劃著。她的黑莓機這時響起，對我眨眨眼說：「失陪，我得去為一位客戶提供意見。」

葛拉斯東兩個攤位之外也是一家赫赫有名的大畫廊。在倫敦，維多利亞．米洛（Victoria Miro）畫廊有一萬七千平方英呎的展覽場地與辦公空間，在巴塞爾藝博會上，她的攤位只有區區八百平方英呎。英俊瀟灑的畫廊經理葛倫．萊特（Glenn Scott Wright），揉和了東南亞與英國血統，他的口音讓人摸不清楚他究竟是哪裡人，顯示出他經常旅行，待過不少地方。在一個異性戀都可能被視為娘娘腔的世界中，他對自己是同性戀者表現得十分坦然。

牆壁上沒有標價或紅點，標價的商業作法在博覽會裡被視為俗氣。根據萊特的看法，買主詢問價格是想要「有接觸的機會」。萊特向一對年輕的夫婦解釋克里斯．歐菲利（Chris

Ofili）的繪畫，畫裡面的一名黑人女性有著一頭十分「催情」的頭髮，他說：「泰德美術館有一批這樣的水彩畫，紐約現代美術館與洛杉磯加州現代美術館也都有這類收藏。事實上，所有的美術館都很歡迎他的作品。」當然，牆上的那一幅已經有人訂，但要買還是可以。他彎身小聲地透露價格，不料詢價的那位男士卻回答說：「我加你兩成。」萊特大驚失色，因為只有菜鳥收藏家才會多出價。他說了聲「失陪」後，快步走向一位正在欣賞葛萊森．裴利（Grayson Perry）一件有龐克與洛可可風作品的男士。當畫廊負責人掌握某件藝術品的需求後，他絕不會把它賣給第一位光顧或出價最高的客戶；他們把有意蒐購的客戶編成名單，但希望把藝術品引到最有名望的家庭中，這也是他們為代理藝術家建立名聲重要的一部分。藝術品的買賣不像其他產業，客戶匿名、誰都可以成為買主。在藝術世界中，藝術家的聲望往往會因為收藏其作品的人增光或減色。

萊特看見魯貝爾一家走進來。他們未在任何特殊藝術品前停留，一家三人彼此緊緊相隨。美拉兩手放在後面直直站立，唐雙手抱胸，彎下上身，傑森回頭看著什麼，然後向父母耳語。美拉曾經在另外一個場合告訴我：「你怎麼知道自己想要買一件作品？你怎麼知道自己愛上一件作品？你若是傾聽自己的感覺與情緒，你就會知道。」唐則理性地補充說：「我們見過非常多藝術家，因為你知道自己在購買年輕藝術家的作品時，不能只靠藝術品來評斷，還需要看創作人的品格。」美拉進一步解釋：「有時與一位藝術家見面會毀掉那件藝術品，見面後你幾乎會不再信任它了。你會感覺自己在作品中看到的是一場意外災難。」唐結論說：「你要看的是格調。」魯貝爾一家三人放眼四周，然後做了最後一次商量。傑森向萊特走去，他一手與萊特相握，另一手抱住他。這種行為看起來也許有些怪異，但收藏家不願洩露自己屬意哪一件藝術品，以免引起競爭與抬高價格，經常透過貼身擁抱讓商業機密只在四耳中傳遞。

●畫廊主人的「藝術性行動」

米洛本人還未抵達會場。我曾經聽見她的對手形容她的缺席是一種「藝術性行動」。在外人眼中，米洛自視甚高，甚至有點怯生。當然這對把自己的姓名當作招牌一樣高掛在門口的人來說，有些不尋常。據她自己表示，她不喜歡博覽會，所以總是遲到早退。跟許多畫商一樣，她認為自己的主要角色是選畫、培養代理的畫家與為他們舉辦展覽。收藏家來來去去，但手中握有一批有實力、事業在發展中的畫家，關係畫廊的成敗至鉅。在美術館級收藏藝術品領域，供應比需求還微妙多變。

萊特則認為：「巴塞爾的攤位是一種互動的廣告，它的費用跟在《藝術論壇》登全頁廣告的一年費用差不多」。在米洛攤位正中央的咖啡桌上，是一本超厚的《藝術論壇》夏季特刊。《藝術論壇》的三名發行人之一奈特・藍茲曼（Knight Landesman）剛剛把它送過來。藍茲曼只有五呎四吋高，但他的鮮黃色西裝與黃白兩色的格子領帶，讓人一眼就看見他。他的行頭是向一名香港裁縫師訂做，不是紅、黃、藍，便是格子布料。藍茲曼無人不識，不僅是因為他在《藝術論壇》做了三十年的事，也是因為他把廣告銷售當作一項行動藝術。他用與他的穿著呈明顯對比的柔和聲調對我說：「二十五年前，大部分的畫廊都是國內性質，而如今，幾乎沒有一家畫廊的老闆只展示自己國內的藝術家作品。如果這樣做，只顯得他們小家子氣。」我一路跟著藍茲曼走，他說：「近年藝術世界全球化的腳步已經加速，藝術博覽會對我們的生意有幫助。舉例來說，一家南韓畫廊登了一個廣告告訴大家，他們在巴塞爾參展。」一對美女顯然讓他分了神，他停了一會兒，然後繼續說：「巴塞爾博覽會與《藝術論壇》都把自己定位為國際性質。」

我進入另一家倫敦畫廊的攤位。與米洛五顏六色的攤位相比，李森畫廊（Lisson Gallery）是極簡與雕塑風格。畫廊的主人尼可拉斯・隆斯岱（Nicholas Logsdail）是由其舅父羅德・達爾（Roald Dahl）引進藝術領域，五〇年代時達爾就經常帶著他出入畫廊林立的倫敦西區科克街（Cork Street）。隆斯岱第一位結識的美國人是華德・狄士尼，狄士尼曾經到他們在英國鄉間的莊園來購買達爾所寫的童話書《小精靈》（Gremlins）的版權。卓爾不群的隆斯岱，中學上的是布萊恩斯登（Bryanston）貴族寄宿學校，後來在倫敦史萊德美術學院（Slade School of Fine Art）受業。他的衣著從來不引人側目，而儘管家財萬貫，他住的地方是他兩家畫廊當中一家上面的一間套房而已。此刻他抽著香菸，正在研究艾尼希．卡普爾（Anish Kapoor）的一件深紅色、中央有一個洞的壁雕。攤位裡非常忙碌，但他一點也不加理會。他不滿「急急忙忙的收藏家到急急忙忙的畫廊，購買急急忙忙的藝術家」，欣賞的是「慢工出細活的藝術家，不求急功近利，只管充滿信心、堅持追求自己的藝術興趣」。

● **建立起規則的畫廊才能長久經營**

自一九六七年來開始經營畫廊後，隆斯岱是在一九七二年他二十六歲時首次參加巴塞爾的博覽會，此後他就沒有缺席過。他說：「來這裡的感覺就像科幻小說中的場景，在時間漩渦裡有一種似曾相識感，每年六月初都回到同一地點。」七〇年代初期，國際性的博覽會只有兩個，一個是一九六九年開始的科隆博覽會，另外一個就是巴塞爾。不過在過去十五年中，藝術博覽會開始蔓延，現在李森畫廊每年平均要參加七個博覽會，在不同的地點展出不同的作品，例如在馬德里的「拱之大展」（ARCO），重點在強調他們代理的西班牙與拉丁美洲藝術家；在巴塞爾邁阿密藝博會，則側重年輕的美國藝術家作品。這些不同的藝博會都相當有號召力，李森畫廊五〇%的成交量是透過這些藝博會的活動達成。

隆斯岱強調，畫廊與他所謂的「畫商交易」是有區別的，前者發掘藝術家與拓展他們的事業，而後者只是買賣藝術品。他表示：「藝術世界沒有規則，因此我認為我們畫廊的壽命是因為有自己建立的規則。」許多成功的畫廊主人自認是特立獨行的一群。有些是以藝術家為取向的畫商，通常都受過藝術學校的養成教育，但在發現自己有辦展覽的能力時，棄畫從商；另有些畫商經營畫廊前曾在蘇富比或佳士得習藝，一開始自己都是收藏家；還有一類可以稱為策展人畫商——他們學習藝術史，對鑑識代理藝術家的作品，有優良的學術根基。不管是哪一種，沒有規定說他們一定要有一定的專業訓練或資格憑證，任何人都可以自稱是畫廊主人或畫商。

隆斯岱告訴我，還有一些收藏家其實不是那麼貨真價實，他說：「這些投機客像上癮的賭徒，他們研究形式、看雜誌、聽街談巷議，也有藝術直覺。我們對他們不滿，但藝術世界少了這些人也不成。」還有一種像使用拖網漁船捕魚的人，他皺著鼻子說：「他們張開大網投向大海，什麼都不放過，將來好誇口說：『我在現場、我也有一件、我在一九八六年買的。』而相對地，「深度購買」的人——向同一畫家買進多幅作品，常被視為收藏藝術品的非常可敬作風。

「收藏不是一加一等於二的事，而是可以創造出一些特別的東西。」隆斯岱認為，最糟糕的收藏是草率、凌亂與零星，最佳的收藏具有驅動力量。他提起一名收藏家的名字，有點淘氣地笑著說：「他不是憑大腦購買，收藏品也不是我認為理想的收藏，但仍是很不錯，因為非常一致。」

收藏是可以刻意「製造」的

下午兩點。到了我跟一名義大利收藏家共進午餐的時間。樓上的貴賓室裡，大夥兒搶購壽司；經過一番對師父緊迫盯人之後，我們終於拿到食物。蘇菲亞・李琪（Sofia Ricci，假名）是一名全職的收藏家，她把時間都花在畫廊與美術館身上，經常在處理藝術品的加入或是出脫收藏的行列，並料理保險與修護保存的相關事務。不過，由於她和先生只有四百件重要的藝術品收藏，跟動輒就有兩千件收藏品的人相比，是小巫見大巫，再加上他們花在一件藝術品上的金額不會超過三十萬歐元，跟其他收藏巨擘比來也顯得不夠闊綽，因此在國際收藏家名單上，她不是被人最優先考慮的人選。

「最近怎麼樣？」

「太糟糕了。」她回答：「什麼都太貴了，每件交易都太累人了。我們已經買了一些很好的藝術品，但有一位藝術家，我不能透露他是誰，他的作品我實在想買。在一個攤位上，這位藝術家有一件上上等的作品，但已經有人預訂，我們要等到五點才知道能不能買到。在另一個攤位上，也有一件同一位藝術家的作品，但只是馬馬虎虎，它代表的是那位藝術家作品發展方向的一個轉折點。有了這件作品，我們的收藏可以錦上添花，但它不是傳統之作。問題是，代理那件中等水準的作品交易商只願意等到四點。我們必須對一件作品放慢腳步，同時對另一件作品加速腳步。真是糟糕。」

「妳買到上上作的機會大不大？」我問。

「我們目前排第二。我們已經認識這名畫商很久了。」她有點哀怨地說：「我只知道我們前面那位收藏家有一座自己的博物館，但我們也打算成立一個基金會，好爭取最佳的藝術創作。」愈來愈多的收藏家開放他們的展覽空間，表面上的理由是造福社會，但真正的動機其實跟行銷更有關係。活著的藝術家固然需要宣傳來凝聚共識，而當代藝術收藏家何嘗不需要主動出擊，好讓他們的收藏公諸社會，以提高藏品的身價。在我們這個媒體密布的文化中，重要的收藏不只是無端突起，而是刻意製造出來的。

「妳為什麼收藏？」

「我是一位無神論者，但是信仰藝術，我去畫廊就像別人去教堂，它讓我了解我生存的方式。」她停了片刻，好像要忍住不說，但忍不住又壓低了聲音說：「我們對藝術是如此痴狂，它已經成了我們財產組合中很大的一部分，超過我們的計畫。藝術蒐集是一種癮，若干人可能以為我只是購物狂，從璞琪（Pucci）升級到古馳（Gucci），再到藝術。但我們自己並不是這樣看。」

李琪排隊索取免費的冰淇淋與義大利濃縮咖啡時（收藏家怎麼會帶小錢購買這樣的小東西），我恢復自己是局中人的觀察。此刻沒有人對寶格麗（Bulgari）臨時商店展出的耀眼大鑽石項鍊投以好奇的眼光，珠寶今天不足以分散藝術收藏家的注意力。場地的持有人既是客戶又是老闆的NetJets航空公司在貴賓室內有專用的貴賓室，他們的接待小姐展現和藹的笑容說：「這裡是『沙漠中的綠洲』，牆上沒有任何藝術品。」不久前，在倫敦推出後一炮而紅的弗列茲藝術博覽會（Frieze Art Fair）攤位在貴賓室的邊緣，他們的主辦人似乎也跟我一樣在分析場景。

● 藝術家在藝博會就有如被扒光衣服

下午三點三十分，我回到會場攤位。會場中的喧嘩聲已經減弱，參觀人潮還在不停走動，但已不那麼衝鋒陷陣的樣子。在會場另一頭，我看見一頭白髮，滿面大鬍子的鮑德薩利，身材高大的他在收藏家行列中顯得鶴立雞群。我猜想他身邊的人大概在問他有關藝術與人生的事，不過後來他告訴我，他只是不斷在與人閒話家常。

有五個分布在世界不同地區的畫廊，都在巴薩爾博覽會中代理鮑德薩利以照片為基礎的達藝術作品。人常說「藝術博覽會不是藝術家應該出入的地方」，鮑德薩利有名的笑話之一是，藝術家走進藝術博覽會就像青少年在父母做愛時闖入父母的房間。他解釋：「在藝術博覽會中，畫廊主人的地位縮減到商人的地位，對這樣的角色，他們寧可代理的藝術家不要看見，就像父母意外看見子女闖入他們的臥房時臉上會出現嚇壞了的表情，問：『你在這裡做什麼？』」

藝術家對藝博會的觀感，經常是恐怖、疏離與興味交織。當畫室中所有辛苦的工作被減到單單只是供應胃口奇大的市場需要時，他們感到不安；而對博覽會中有那麼多藝術，引發的實質討論卻是那麼少，他們會不寒而慄。我問鮑德薩利他是不是早上開幕後就進入會場，他回答：「開什麼玩笑？午餐前我是不會踏進會場一步的，我會被踐踏而死，會像無辜的羔羊被送去宰殺。」

昨晚鮑德薩利做了一個跟博覽會有關的惡夢，後來就夜不成眠。他在夢中被人踩扁了；他變成一幅自畫像，被切得七零八落又重新黏合。他嚴肅地說：「我依稀記得夢中被許多醫生檢查，被他們看了夠。醫生們什麼也沒說，但是全都瞪著我看。」

多年來，鮑德薩利從來不需要跟收藏家打交道，他說：「我成長的時代，藝術與金錢沒有關連，可是突然之間，在八〇年代，金錢進來了。在這之前，收藏家非常稀少，因此他們出現時，我表現得很反動；我並不想有那個瓜葛，跟收藏家往來就好像跟妓女在一起被人逮到一樣。我希望保持純淨，我心裡的想法是：『你買的是我的藝術，不是我這個人。』」他深吸了一口氣，並看了博覽會周遭一眼，繼續說：「然後我慢慢了解，嗯，那位收藏家懂得不少藝術的事，他還不錯。一個接一個的，我突然了解，我不能因為他們是收藏家而加以責怪。」不過鮑德薩利仍認為藝術市場不健全與不理性。談論到藝術與金錢價值之間的關係，他認為：「我們不能用金錢作為藝術品質的指標。這是一種謬誤，會把你搞瘋！」

這也是鮑德薩利這些年來一直在藝術學校教書的原因之一。對他來說，教書是一種不受市場支配的方式（這樣「我可以隨時改變我的藝術」），也是一種從新的一代了解未來的方式（「不管你喜歡或不喜歡，早一點知道沒有什麼不好」）。鮑德薩利對捍衛自己的藝術自主權毫不退縮；如果你可以自由創作發揮，也許可以早市場一步。他對嚐盡辛苦的學生說：「要銷掉舊的作品，你必須有新的創作。」

鮑德薩利離去時，我遇見一位美籍策展人，他是為自己服務的美術館董事會來投石問路的，同時也趁機了解哪一位收藏家買了什麼，因為今天在博覽會中買到的畫，可能終有一天他的美術館要借來展出。他也希望親自看看藝術品，他任職的美術館今晚要舉行酒會，親眼看過作品後，對「你今天看到什麼作品？我應該看什麼？」之類的問題，就能輕鬆裕如地回答。通常經營畫廊的畫商對策展人青睞有加，但今天他們的焦點是收藏家。就像這名策展人所解釋的：「基於禮貌，博覽會的第一天我總是保持低調，除非我要為董事會中的某位董事磋商折扣的事。博覽會共有六天，我可以在明後天再與畫商打交道。」

● 好眼力還得加上好的生意頭腦

快要下午五點了。我飽受冷氣的吹襲，口渴萬分，也感覺皮包相當沉重。蘇菲・卡爾

（Sophie Calle）的一幅大自畫像吸引了我。那是一幅大的黑白照片，她穿著睡袍站在艾菲鐵塔上端，頭後面有一個枕頭。這幅作品的名稱是《景觀之屋》（Room with a View），內容跟她在巴黎這個有名的地標上度過一夜有關，是晚共有二十八個人不斷地讀床邊故事給她聽。而此刻，我非常想進入那個虛構的空間。是因為它是一個奇妙的影像呢？還是我只是不堪博覽會中的視覺刺激與社交互動，想尋求一點安靜的慰藉？我搞不清楚，我得了「博覽會疲勞症」。

我漫無目標地從一個攤位走到另一個攤位，發現我又回到布倫與波的攤位。他們兩人今天衣著光鮮，布倫穿的是義大利設計師限量發行的成衣，未打領帶，波身上穿是Hugo Boss品牌的西裝，棕色的麂皮鞋，也一樣沒打領帶。布倫在跟好萊塢百萬經紀人兼收藏家麥可·歐維茲（Michael Ovitz）交談，波則走過來告訴我，他們的店裡已經銷售一空。

我問：「村上隆的作品被誰買走了？」

他堅定地回答：「我不便透露。」

我半求道：「至少告訴我是多少錢成交的。」

「一百二十萬美元。但官方的數目是一百四十萬。」他邊說邊假裝得意地搓手。在博覽會裡，真正的成交價與公關成交價有差別，是習之已久且受尊重的作法，不像交易商漫天地喊價。舉例來說，廣告商出身的二級畫商史塔奇經常藉由將手中藝術家作品的價值摻水、抬高這些作品的身價達數百萬之多，來操縱媒體。例如他售出赫斯特的《生者對於死者無動於衷》（The Physical Impossibility of Death in the Mind of Someone Living，又名《巨鯊》）時，「史塔奇的一名發言人」說，買主的出價是一千二百萬美元，然而實際的數字只有八百萬美元。我的眼角餘光看見史塔奇的身影；他穿著短袖的麻質襯衫，衣角露在肚子外面。他的名廚太太奈潔拉．羅森（Nigella Lawson）正在觀賞一幅看起來材料好像多過頭的畫。

「我得喝杯啤酒。」正當波這樣表示，我們聽見玻璃的聲音。一名全身黑衣，外罩白色圍裙的女侍推著香檳車在角落出現。波高興地說：「這也行。」他拿了一瓶法國頂級的酩悅香檳（Moet）與四只玻璃杯回來。我們在攤位前的一張桌子旁坐下。

我問波怎麼樣才能成為好畫商，他的身子向後傾斜，想了一會兒後回答我說：「必須有敏銳的眼光，要在藝術作品中看見藝術家的創意、才華與創作毅力。」藝術家要有批判性的觀點，而畫商與收藏家推崇的是「好眼力」[1]，鑑賞家必須獨具慧眼，直覺敏銳。反之，收

1 ─舉例來說，畫家戴夫．繆勒（Dave Muller）曾向我表示：「我比較喜歡用『爛眼光（stink eye）』這個名詞，來表示選錯藝術品一事。我也懷疑決定藝術口味的人眼光；這就像是在算命，在事情還未變得有意義，便想認出它來。」

藏家有「好耳力」，是一種譏諷之詞，表示他們依靠他人的意見；有眼力才可以享受認出好東西的喜悅、發掘最好的藝術家，以及從藝術家的創作中找到上上品。波繼續說：「然後你要跟定這些藝術家，眼光要放遠，挖掘到天才後，要讓大家都見識並認同他們的天賦與才華。」他望著杯中的香檳，注視著杯中的氣泡，神情就好像要從氣泡中研究出未來的端倪。他接著抬起頭來說：「當然你也有得有好的生意頭腦，如果二加二變成三，你就要倒楣了。」至於實際賣畫，波指出：「你必須與人接觸聊天，創造話題。藝術市場有些不理智──完全沒有規範，卻有一堆裝腔作勢的東西等著告訴我們應該怎麼做。」

波認為藝術博覽會對藝術家而言，可以說是一個充滿考驗的環境，他說：「如果他們是好的藝術家，創作是不得不然，而不是要向藝術市場譁眾取寵，因此留連於博覽會可能會讓他們沖昏頭。另外我們就事論事，博覽會不是一個展覽作品的最好場所，因為藝術作品中的微妙暗示往往被吵雜的聲音掩蓋住了。」波微笑著補充，接著他發現自己的音樂比喻還不錯，又加了一句：「這裡就像即興的爵士音樂會，有一個酒醉的猴子在鍵盤上盡情發揮。」

一位德國收藏家追問一幅馬克・葛洛倉（Mark Grotjahn）的抽象畫，打斷了我們的談話，波忙著照顧生意去了。我則一個人去更進一步思索與體會這個問題；畫商就像中間人，他們對藝術家與收藏家之間的直接連繫虎視眈眈，對可為他們帶來豐厚利潤的藝術家與可能挖角的競爭對手之間的接觸，更是緊張得要命。就這一點來說，博覽會是一個危險的地方。儘管藝術與商業關係密不可分、儘管藝術家為市場創作有時是不爭的事實，它們在意識型態上仍是完全對立的。在藝術市場中，創作的酬金固然可界定藝術家的特質，「工夫」才是評定藝術的主要標準；如果藝術家只為迎合市場而創作，他們的人格會因此妥協，市場也會對他們的作品失去信心。

●在藝術的權力遊戲中軋上一角

布倫與波攤位的人慢慢多起來，突然之間到處都是人，布倫情急地看著波，彷彿在說：「你幫個忙快給我過來。」這時我剛好看見提格準備離開。提格是位收藏家，到此是「要聞聞拍賣香氣」，他告訴我他當天的購買活動已經結束，他的諮詢顧問已經去招呼另一位客戶了；他的女友（我打賭一定是年紀小他一半的金髮美女）明天才能來，因此需要有人作伴。他更承認村上最早的《727》繪畫是他擁有，但後來捐給了紐約現代美術館。然後我們一同到樓下去看一級畫廊的昂貴作品。

提格自一九五六年就間歇地開始蒐集藝術品，眼光訓練得極為高明。他解釋說：「藝術市場中有尚待學習的人，也有一身是學問的人；前者喜歡當代藝術、活著的藝術家與他們所處時代的藝術，後者則喜歡過去的藝術。」他雖然年紀逼近八十，卻很用心在保持腦筋靈活，新興藝術完成了他這個願望。跟提格在一起如沐春風，他說：「我只是個平凡的有錢人。與那些擁有私人噴射機的年輕億萬富翁相比，是完全不同的一型。我的『新錢』已成為『舊錢』，如今它代表的更是『錢少了。』」說著笑了起來。他形容自己的收藏「豐富了他的一生」，然後又極為謙虛地說：「我不知道自己是否有收藏，但我的確有一堆東西。」

他的笑話雖是自我調侃，卻也反映出許多收藏家共有的焦慮。購買當代藝術作品的人愈來愈多，但長遠來看，大多數可能不會有太高的歷史價值。這些作品對收藏家來說可能具有個別的意義，對個人來說是明智之舉，甚至有啟迪作用，但長期來看，許多這樣的收藏可能只會淪為古老破舊的絲綢，或是陳年垃圾堆上的考古殘餘，沒有劃時代的意義或影響力，也不會改變我們觀賞藝術的方式。

提格與我走進的每一處攤位，畫商都跳起來歡迎他。大家都忙了一天，感到筋疲力竭，沒有人有太多精神來答覆別人的問題，而這時看見有人這樣打起精神來招呼提格，是相當有趣的畫面。提格總是能找到中聽的話告訴對方，即使是在乏善可陳的攤位上，他也會對畫商誇獎一個做得不錯的展示瓶。他與畫商互動之間的情感流露似乎是真誠的，縱然他今天什麼也沒跟他們買，畫商對他的光顧也真心感謝。然而對我來說，情況就不是那麼自在了。提格是位紳士，相當正式地把我介紹給各個攤位的主人；畫商表現得雖極為客氣，但顯然都把我當作他最新的女友。有位年紀大的紐約畫商，甚至向提格悄悄地咬耳朵。我聽不清他們說些什麼，但從他們交換的眼光與看我的模樣，我猜得出那名畫商是在問他：

「她是不是你最近的收藏？」

提格的手機像交響樂般響了起來，是美國一家重要的美術館首席策展人打來的。他親切地跟她談了許久，告訴對方他當天的活動，但並沒有明確地尋求她的同意。針對他今天的重要採購，提格只開玩笑地說：「如果妳不喜歡，也許XXX會要。」他提的名字是另一家擁有豐富戰後藝術品博物館的首席策展人。那通電話之後，提格與另一名代表一家著名、但遭到經濟不景氣衝擊的公家機構策展人通電話，談了許久。他顯然對這種關係樂在其中，喜歡在藝術的權力遊戲中軋一角，尤其是在藝術品的捐贈人仍能對公共良知發揮影響力的層面上。講完後收起電話，他淘氣地笑著說：「我的目標是取得大美術館後來會強烈需要的作品。」

我要提格給我看他新買的傑作。我們沿著走廊往前走到一處角落，哇，是一尊足足有十二・五英呎高的鋼鐵雕刻，最外一層的金屬更是光可鑑人。原來是昆斯的《大象》（Elephant）。它有點像「8」這個阿拉伯數字，頭上有一個陰莖般的長冠。我們也可以在雕刻上看見自己的身影；退後一步，它反射出來的博覽會會場就像一個金色氣泡。一個七、八歲的小女孩在雕刻中看見自己的樣子，她停下來對著雕刻伸舌頭、皺眉頭、露牙齒，掀鼻孔、挑眉，做盡鬼臉後，便去追趕她的父母去了。

● 按成交價給付佣金潛藏利益衝突

晚上八點，還有一個小時博覽會就要散場。在朝前面出口走去的疲倦人群中，有一個牛仔獨自邁著有力的步伐往前走。山迪・海勒（Sandy Heller）一手拿著電話，一手拿著地圖跟我打招呼。三十四歲的海勒是藝術諮詢顧問，襯衫袖子此刻是捲起來的，他以勝利者的姿態說：「看來我們買下了大約四十件好作品。」海勒替六位華爾街的貨幣經理人管理藝術收藏，當中有幾位是億萬富翁，年紀都在四、五十歲之間。海勒說：「他們都是有家室之人，彼此都認識，也互相尊重；有些是好朋友。」雖然海勒不肯細說他的委託人是誰，因為這會違反他嚴格的誠信協定，但其中之一是史蒂夫・柯芬（Steve Cohen），這是眾所週知的事，後者的五億美元收藏中，有一件是赫斯特的《巨鯊》。根據《商業週刊》（Business Week）的報導，柯恩的避險基金「經常占紐約股市每日交易總值的三％」，他的信條是「搶先在別人之前取得資訊」。

我請海勒告訴我他今天活動的情形。

「我在六週前就開始今天的活動。你可以想像我為巴塞爾博覽會投下的心力。我的辦公室有四個人手，每個人都忙得馬不停蹄，每天都在電話上，設法取得資訊，然後去蕪存菁傳給我們的客戶。因此今天早上我拿著我的清單比對要買什麼和不買什麼。我們未看到實際作品絕不購買，有時壓縮檔的圖像無法顯示一件作品的偉大，再加上我是要求嚴格的條件狂。」

我們找到一張長椅坐下。海勒手肘放在膝蓋上，好像一名棒球選手在球員席等待出場。他繼續對我說：「過了中午後，會場的對話會複雜一點。我會對我不認識、但我尊敬的畫商說：『我代表的是這些人，我們不是來攪局的，也不是投機客。』基金經理人是藝術市場的新人，若干人擔心他們買藝術品就像買股票，目的只是為了獲利。也有人說他們不是這麼眼光短淺，辛苦工作的億萬富翁不需要再從藝術品上賺區區幾百萬美元。海勒說：「他們收藏，是因為這些人好奇豐富的人生應該怎麼過。而今天在美國，如果有錢，就是這種作法，就像歐洲人過去幾十年來的作法一樣。」

海勒的電話響了。「等一下，妳別動。」他走到一邊，親切地對電話另一端說：「村上給了他們一件傑作，打響他們重返巴塞爾的宣傳。」這句話飄進我的耳裡。他邊說再見，邊走回來。

「你買了村上的作品！」我忍不住大聲說。

海勒回答：「不予置評。」他的面容先是為之一暗，但隨後又開朗地說：「我只能透露每個人都對村上的新《727》繪畫感到嘆為觀止。通常在藝博會中，你看不到這麼好的第一手畫作。每個人都在談論這件作品。價格有點沉重，但也值得。」

海勒告訴我，他的酬勞固定而不是抽成。「諮詢有可能導致腐敗。我的委託人多半認為，如果我建議他們買一幅二千萬美元的繪畫，他們會懷疑我是因為可能拿到購買價格的一定比例而建議這個價格。這有內在的利益衝突。」

這時要離去的人潮洶湧，我們也站起來準備往外走。海勒對我說：「想知道好畫商與好顧問之間的分別嗎？好畫商為收藏家做的是美事一件，但為藝術家做的卻是美中又美的事。而好的顧問為藝術家做的事是美事一件，為收藏家做的則是美中又美的事。」他把博覽會地圖放入口袋。海勒有如過度自信與過度謙卑的綜合體。以往，藝術諮詢顧問是因為他們對藝術史的知識而受人請益，而如今他們的工作重點卻是去談交易；他們受到一方的信任，同時又有豐沛的人脈，挾著這兩項利器，藝術顧問在新藝術市場中的工作十分吃重，而工作的「速度」好像比慎思還重要。對海勒來說，他的付出所得到的成果再明顯不過，也難以比擬，他說：「錢還只是副產品，我協助建立了一個資產傳承，我是這個資產傳承的一環。」

我們走出博覽會會場前門時，傍晚的暖風向我們迎面襲來。海勒向我揮別，我則停下來觀察散去的人潮。人潮中有一張看起來好像迷失的臉孔，他是有大群策展人追隨的英國「泰納獎」得主傑瑞米・戴勒（Jeremy Deller）。他來此為他的「藝術無限」展覽室布置，然後為了開幕第一天而多留了一天。他的頭髮及肩，一雙大涼鞋裡是乾淨的白襪，上身還罩了件深紅的燈心絨夾克。也許有人會猜他是不是丟了行李的怪異左翼策展人，但他從頭到腳散發的是不折不扣的藝術家氣息。

「你對今天感到滿意嗎？」我問。

「今天是非常有趣的一天，我只是到處走動。會場有點亂，讓人困惑。這個世界中的藝術數量有點令人沮喪，最糟的看起來像藝術，但其實不是，它是為某類收藏家刻意製造的東西。我不是有金錢動機的人，如果我是的話，就不會做我現在在做的東西了。我的藝術幾乎是銷售不出去的。」有時因為作品的稍縱即逝性或觀念性，而不那麼容易零售作品的藝術家來說，公共機構往往是他們最重要的客戶與作品落腳處。在藝術博覽會中一整天，腦筋近乎麻木，許多藝術愛好者此刻最渴望的，莫過於去看一場策畫週全的展覽了。

4

「泰納獎」決選

The Prize

十二月第一個星期日上午九點三十分，泰德英國美術館（Tate Britain），也就是原來的泰德美術館（Tate Museum），十點鐘才對社會大眾開放。泰德英國美術館與它年輕一點、也性感一點的姐妹館泰德現代美術館（Tate Modern），一前一後地座落在泰晤士河岸。泰德英國美術館是一棟維多利亞建築，在一間一九七〇年代加蓋的辦公室中，館長尼克拉斯．塞洛塔爵士（Sir Nicholas Serota）與四位評審，正對進入決選的四名「泰納獎」角逐者作品做決定性的評估。泰納獎是全球知名度最高的當代藝術競賽，在這個最後階段的評審過程中，評審委員只考慮作品與偶爾交換意見，沒有太多的談話。一名評審委員事後對我說，他當時腦子裡只有兩件事：保持開放心態與練習說明為何支持某位藝術家。進入決賽的藝術種類不一，有如蘋果、橘子、自行車與葡萄酒架，評審是如何比較？

具有新古典風外觀的泰德英國美術館上方有一尊「不列顛女神」（Statue of Britannia）的雕像，頭上戴著戰盔、手上拿著三叉戟。一般人大概不會把她跟當代藝術聯想在一起。她下方幾百英呎處是美術館的石階，錄影藝術家菲爾．柯林斯（Phil Collins）正在台階上抽菸。柯林斯是在布魯克林地下鐵的公共電話亭裡得知自己被提名角逐泰納獎，他說：「我非常吃驚，被提名這個獎接下來我可能會受到百般嘲弄或大出洋相。我想到布萊恩狄帕瑪（Brian De Palma）執導的《魔女嘉莉》（Carrie），感覺自己像電影中受到捉弄的嘉莉，渾身被灑了豬血。」三十六歲的柯林斯留的是那種「新浪潮」不對稱的髮型，身上穿的是二手店中精挑細選出來的衣服。「我花了一個禮拜的時間考慮後才決定接受提名，我必須想清楚提名的欣喜與可能高度曝光背後的意義。」他把菸朝天空揮了揮，「當然嘉莉全身被灑了血以後，她把健身房的門都鎖上，殺光了每個人，所以……事情不見得都那麼糟糕。」柯林斯假裝一本正經，足足過了五秒鐘後他才拱起眉毛，綻放出笑容。他猛吸了三口菸，然後把菸頭扔到地上，用腳踩熄了，對我說：「我得去幹活去了。」

有如國家盛事的大獎

上午十點，參觀人群穿過泰德英國美術館的前門之際，泰納獎的評審坐在天花板挑高的董事會議室開會，他們今天必須決定誰會脫穎而出。今天傍晚時，勝選者將在一場由名流頒獎、並經全國電視轉播的典禮中獲得二萬五千英鎊的支票。過去的頒獎人包括英國歌手布萊恩·伊諾（Brian Eno）、廣告大亨史塔奇，以及曾在現場轉播電視上口吐粗言的瑪丹娜（Madonna）。今年的頒獎人是前披頭合唱團歌手約翰藍儂的未亡人小野洋子。陪榜的提名人屆時也將坐在一旁，強顏歡笑，領取五千英鎊的安慰獎。

泰德英國美術館是在一九八四年成立泰納獎，歷來的頒獎活動與過程皆曾上過報紙的頭條新聞。一九九五年的泰納獎由赫斯特奪魁，得獎作品是被泡在四缸甲醛溶液中的「肢解的母牛與小牛」，這項題目為《母子分離》（Mother and Child, Divided）的作品曾經轟動數洲。一九九九年，崔西・艾敏（Tracy Emin）被提名後，展出的作品是一張零亂未經整理過的床，上面有血漬斑斑的內衣、保險套與空酒瓶，這項創作是這樣驚世駭俗，很多人都以為當年的得獎人是她。二〇〇三年，主要利用陶瓷作為創作素材的裴利，衣著標新立異，經常打扮得像維多利亞時期的六歲女童模樣，他穿著膨膨裙接受頒獎時的致詞內容竟然是：「泰納獎也能把獎頒給一個有變裝癖的陶匠！」

過去數年來，當代藝術受到高度注意，沒有人有時間等待歷史來決定或沉澱出什麼是偉大、什麼是好，或是什麼是起碼的藝術。在藝術家的理想履歷中，他最好是從一流的藝術學校畢業、終而能在重要的美術館舉行個人回顧展，如果再得上一個獎，就更能錦上添花。得獎說明了藝術家的文化價值、提供了他的威望，並道出此人有經得起歷史考驗的過人之處。

儘管大部分的得獎經歷只占藝術家的履歷表當中的一行而已，泰納獎卻是英國的國家大事；英國人會在競賽過程中選邊站、在晚餐派對上辯論比賽的事，甚至打賭誰會贏。泰納獎的提名、競賽與評審過程每年相同，每年五月間，四名評審組成的評審團在塞洛塔主持下宣布四名藝術家出線，這些藝術家的年紀不得超過五十歲、必須住在英國、前一年必須有一個傑出的展覽受到評審團的注意，而在每年十月，這四名候選人都必須在泰德英國美術館的大展覽廳中舉行個展。八週後，通常是在十二月的第一個禮拜一，評審團會開會選出一位勝利者。

今年的泰納獎提名人差異很大，除了專門從事錄影創作的柯林斯外，還有雕塑家莉貝卡・華倫（Rebecca Warren）、畫家湯瑪・艾柏茲（Tomma Abts）與以多媒體素材創作的馬可・提奇納（Mark Titchner）。十月的一個上午，數十名記者與攝影記者會出席泰納獎提名人的個展記者會，華倫展廳展出的內容包括三類雕塑：各種姿態的銅質人形、未上窯的土陶，以及盛裝櫻桃核與髒棉花球等廢物的展示櫃。華倫的銅人有點像雕塑家艾伯托・傑克梅第（Alberto Giacometti）的作品，但是後者的細長人形在華倫手中，好像經過飽餐或是抽了大麻般，突然精神百倍、性慾旺盛起來。至於她的陶作，用「素人作品」形容比較貼切，不像是出自受過學院訓練之人的手。

一名嬌小的策展人向記者簡報華倫的作品，她的低腰牛仔褲露出一點肚臍。她說：「這些近似女性的人形全然展現出活潑的創意，在扭曲失真與墮落過程中充滿自我的喜悅。」她並補充說，華倫受到美國近代漫畫家克倫姆（R. Crumb）、法國十九世紀畫家兼雕塑家艾德嘉・竇加（Edgar Degas）與法國雕塑大師奧古斯特・羅丹（Auguste Rodin）的影響。不過記者們對這種說法並不買帳，他們認為華倫的作品明顯技術不夠高明，一名記者喃喃地說：「未上窯的土陶？是半熟還是不熟？」我對《英國廣播公司第四廣播電台》（BBC Radio 4）一名主持人提到，華倫曾經在史塔奇畫廊推出一項令人難忘的展覽，在大展廳中展出的全是無頭、但屁股與奶頭奇大的女性雕塑，他很快地回我說：「但這裡的都是大腿與手肘。」我想華倫這次展出的可能是全新的身體系列，我們可能應該給她一點時間，他回答：「是呀，我可能會慢慢習慣，就像我會慢慢習慣頭痛一樣。」

● 同時把人捧上天與打入地獄

作品以高價售出與得獎，是藝術家生涯中最值大書特書的兩件事，通常來說也是藝術家一生難以量化的藝術成就中，最不容否定的事實。而英國媒體永遠不會厭倦的一個問題是：「這是不是藝術？」另外，只要藝術創作中有一丁點的性暗示，記者一定不會錯過機會拿它來開玩笑。因此在華倫展覽廳採訪的攝影記者，在發現若干人形雕塑的乳頭從灰色的陶土中突出硬起時，不禁插科打諢起來。然而文字記者卻老大不高興，因為他們聽見華倫與另一名女性提名人艾柏茲都不願接受訪問的消息。我已跟華倫的倫敦代理商談過，他告訴我只要不列入正式紀錄，他願意替我從中穿針引線。然而不幸的是，「願意」後來先變成

「再瞧」，再變成「抱歉」。我打電話給一位友人，他是華倫的好友，希望他能代為美言與牽線，他說：「她不需要跟妳談，她反正已經勝券在握。」

泰納獎可以同時把藝術家捧上了天與打下地獄。對許多藝術家而言，能夠在每天吸引十萬觀眾購票入場的泰德英國美術館展出，是千載難逢的大好機會。不過也有一些藝術家感覺，眾目睽睽的殘酷檢視、公開被擊敗的可能性，以及在意識型態上的妥協都太讓人感到情何以堪，因此很多人寧願躲在陰影下，拒絕接受提名。例如今年有一位二十九歲的蘇格蘭女畫家露西・麥肯錫（Lucy McKenzie）就拒絕了提名。麥肯錫以前曾是色情出版的模特兒，有時作品也充滿性涵義（她有幅作品描繪一名女性在一幅自慰婦人的畫像下吃麵），這樣的候選人小報自然會有興趣報導。一位友人告訴我，麥肯錫不願犧牲她作品中的「彈性與批判性對談性質」。

柯林斯的作品都跟新聞話題有關，因此，儘管他一開始對被提名有點焦慮，後來也認為泰納獎可以做為一個理想的平台。他對媒體開放的個展展出幾天後，我曾隨柯林斯遊走泰德英國美術館，走到二十八號永久收藏館時，柯林斯探頭進去張望，裡面兩個螢幕播放的正是他二〇〇四年的作品《他們射殺了馬匹》（they shoot horses），裡頭描述的是九名年輕的巴勒斯坦人在拉慕拉（Ramallah）不停地跳舞，他們不斷搖擺身軀，有時甚至跳起肚皮舞，最後拖著疲憊的身軀隨著國際流行歌曲，伴隨著「讓我自由，寶貝，你為何不讓我自由」的歌詞，擺動身體。

柯林斯繼續往前走，穿過了石材輝煌的杜芬館（Duveen Galleries），走向泰納獎展覽廳，一直到碰見一位警衛才停下來，他問對方：「哈囉，親愛的，妳今天在哪裡站崗？」那位六十出頭的女警衛穿著泰德館發的酒紅襯衫與黑裙，用一付老倫敦人的口氣說：「早上在十九號廳，下午在二十八號廳。」她經常在展覽《他們射殺了馬匹》那一廳外擔任守衛，並告訴柯林斯觀眾有哪些反應。在暗室裡展出的作品似乎鼓勵人去顛覆美術館的禮節與成規；觀眾不僅是觀看錄影而已，他們也歌唱舞蹈、坐下起來、啜泣或長吻。她說：「昨天有一些學童來觀展，他們想知道錄影中的人為何舞跳得那麼糟。」

• 以辦公室為主題的真實情境秀

柯林斯走進他的「辦公室」，這也是他應泰納獎主辦單位邀請展出的地點，展出內容也在此。他在一個暗門後失去蹤影，然後出現在一大片玻璃後方。玻璃隔出來的「辦公室」頗像戰情室，裡面是珊瑚紅的地毯與桃色牆壁，也有電腦與電話。他的研究團隊「暗巷製片」（shady lane productions）在裡面針對名為《重返現實》（return of the real）

的錄影，研究人的生活是怎樣毀於電視上的真實情境秀；室內一位女性正在回答柯林斯為受害人搭設的電話熱線，另外有一人正在從報紙上剪下文章來，也有一人斜望著電視。這是泰納獎成立以來，首次有被提名的藝術家將辦公室搬進泰德館。經常光顧美術館的人可能可以看到很多藝術品，但親眼看見藝術家工作的可能性卻極低，而這個空間也顛覆了人們對工作室油彩四溢的想像。柯林斯對觀看「辦公室」的觀眾投以詼諧的一眼，然後示意我走到一個常可在醫生看診間看到的那種小窗口，伸出頭來對我說：「這類場地我平常根本負擔不起，我是把泰納獎當作工具，用相關的景觀做為我藝術創作的一種方式。」他笑了起來，補充說：「我需要做我自己邏輯的犧牲品，因此我在這裡出現——像一隻動物園裡的猴子。

幾天後，我在查令十字路（Charing Cross Road）一家戲院下的酒館跟柯林斯見面，地下室的空氣混合著極重的菸味與新款芳香劑；室內相當安靜，但另有些人顯得有些目中無人。我們在酒館後方的紅色座位坐下，我打開數位錄音機，要他說幾句話，好試試錄音機靈不靈光，他說：「我的名字是菲爾．柯林斯，但不是那個菲爾．柯林斯（英國一知名歌手）。我平常自我介紹時都是這麼說的。如果妳叫計程車，妳說妳的名字是『蒂娜．透納（Tina Turner，美國著名女歌手）』，他們會說：『才怪，滾到一邊去。』這個名字就像詛咒一樣。」柯林斯點了一根香菸，身子向後仰。他告訴我到酒館前曾經去拜訪一個真實情境秀的當事人——一名曾經參加《換妻》（Wife Swap）的女性，她參加該節目後，兒子在學校遭人毒打。

柯林斯對他所謂「生活在恐怖情境之中的特殊人性美」，也就是歷經悲慘生活考驗的人，充滿了好奇與關懷。雖然他現在使用的地址是格拉斯格（Glasgow），與男友與一隻大麥町狗合住，但大半時間他都在飽受戰爭之苦的地區如貝爾法斯特（Belfast）、貝爾格勒（Belgrade）、波哥大（Bogotá）與巴格達（Baghdad）等地旅行採訪，對當地人的生活做詳細的錄影。他二〇〇二年錄製的《巴格達試映》（baghdad screentests）片中，巴格達的伊拉克人民在錄影機前，顯現出坐立不安、瞪視鏡頭與媚相畢露等各種人生百態。這部錄影是在美國二〇〇三年進攻伊拉克之前所拍，此刻觀看，不禁讓人想到：參與這部錄影的人不知如今下落如何。

柯林斯點了一輪酒，然後發現自己身上沒帶錢。他沒有信用卡，也沒有行動電話；從來沒開過車，也從來沒有過洗衣機。雖然他的藝術依賴高度的社交能力，他坦承並不認識許多藝術家，也很少去所謂「私人招待性的開幕展」。他說：「我發現藝術學院可以解放頭腦與心靈，但商業性的藝術市場……世界上還會有其他地方讓你覺得更渺小嗎？那是唯一你提供免費酒類招待卻無人會來的地方。」柯林斯把下巴放入手掌中，臉捲成一團。「我不能忍受別人說我非創造藝術不可，那是少數有特權的人能說的話。」柯林斯不認為泰納獎有什麼競爭性，他說：「我並不感覺自己一定要排到第一，我寧可禮讓別人。」他看著積滿菸頭的玻璃菸灰缸，然後抬頭看著我說：「我寧可自己不去承認遊戲的規則與條件。得獎的藝術類型？這種分類並不適用。看見有人在超級市場跌倒的動作中，你可能會發現很大的藝術，那可能是你一天裡頭最不同凡響的視覺接觸。」

●「棧房」

泰德英國美術館旁邊的一棟紅磚建築中，有一個叫做「棧房」的建築，塞洛塔的辦公室就位於其中。這棟建築的外觀是愛德華式（英王愛德華七世時代的風格），裡頭卻充滿了現代風；辦公室中央是芬蘭建築兼設計師阿瓦．奧圖（Alvar Aalto）設計的一張大黑桌，在這張充做書桌的桌面上，有一疊薄薄的文件，顯然桌子的主人無法容忍成堆的文件積壓在他桌上。辦公室右手邊的牆面是書架，架上是色彩鮮明的藝術書籍，左手邊是玻璃窗，透過窗子可以看見美術館前面的台階與巍峨的不列顛女神像。

我跟塞洛塔約好見面的時間，他卻遲到了。他的助理告訴我，他已從泰德現代館趕來，目前正在泰晤士河的雙體船上。助理遞給我一杯茶，告訴我為塞洛塔做事非常愉快。大家稱呼他時都不用「先生」二字，因為他在一九九九年被封為爵士。小報以「尼克爵士」（Sir Nick）稱呼他，藝術界的人喜歡以名字彼此相稱，不管認識不認識，因此達明（赫斯特）、賴瑞（高古軒）與傑〔喬卜林（Jay Jopling，白色方塊畫廊主人）〕等名字不絕於耳。在倫敦，「尼克」為塞洛塔專屬，其他也叫尼可拉斯（尼克）的人，則一律以姓相稱，重要的李森畫廊負責人尼可拉斯・隆斯岱，大家都以隆斯岱相稱。

塞洛塔的父親曾是工黨內閣的部長，他在劍橋大學修習的是經濟學與藝術史，在考陶爾藝術學院（Courtauld Institute of Art）寫的碩士論文題目，主題就是泰德英國美術館泰納獎據以命名的畫家泰納（J.M.W. Turner）。塞洛塔在一九八八年加入泰德，當時它只是全國藝術資產當中一個小小的前哨站，而如今它卻是一個擁有四大美術館——泰德現代美術館、泰德英國美術館、泰德利物浦（Tate Liverpool）與泰德聖伊芙斯館（Tate St. Ives）所組成的帝國，每年造訪美術館的人次超過四百萬。泰德現代館是最受觀光客歡迎的倫敦景點，而泰德英國美術館由於每年登門造訪人次將近兩百萬，也屬世界級的藝術館（在二〇〇五至〇六年間，紐約現代美術館吸引了二百六十七萬名訪客，巴黎龐畢度中心吸引了二百五十萬，而紐約的古根漢美術館與畢爾包美術館各自吸引了九十萬人次的參觀人潮。）

塞洛塔走進辦公室，比我們約好的時間晚了十二分鐘。「非常抱歉」，他用非常清脆的口音說：「我為一群美國收藏家導覽，他們遲到了，我也因此被耽誤。」塞洛塔手上戴的是一只有二十年歷史的瑞士鐵路（Swiss-Railways）腕錶，時間設定提前二十分鐘。他的身材屬於瘦高型，說話的嘴型顯露他是屬於英國典型的「堅忍型」。塞洛塔的衣著總是深色西裝與白色領帶，不過今天他卻打了一條草綠色的領帶。他失蹤了一分鐘，回來時，身上的西裝上身已經脫去。他在椅子上坐下，捲起袖子，我們免去了客套，直接進入訪問。

我訪問單子上的第一個問題是，泰德英國美術館有多大的力量讓藝術家實至名歸？過去的泰納獎得主無疑替現在的提名人做出強有力的背書，但塞洛塔並不直接回答，他說：「任何獎都不是那麼神聖不可侵犯，只有繼續頒給高度受到肯定或是才華橫溢卻受埋沒的藝術家，獎才有權威可言；得獎人的藝術事後能夠不辜負這個獎的期望，獎才有用。」

● 決選過程促使大眾對藝術有所反思

在藝術世界中，藝術家之間的競爭幾乎是一種禁忌，塞洛塔承認像泰納獎這類的競賽要在「不同類別的藝術家裡分出高下，其實不太公平」。藝術家本應找出自己的路、自己釐出規則、跟自我競爭，如果他們處處注意別人，就有模仿之嫌。可是如果他們完全不理會一個按等論級的世界，也有成為「局外」藝術家之虞，因為他們若完全活在自我意識中，創作會怪異到外界無法認真看待的地步。塞洛塔說：「很少有藝術家喜歡直接競爭。藝術家要費盡力氣表現自己，而為了這一點，他們需要高度的自信；有些情況下這種自信會轉變成競爭，但它經常令人不自在。」塞洛塔脫下他的無框眼鏡，捏了一下鼻樑。「我剛到泰德做事時，也有那種不自在的感覺，但如今我已經體認到泰納獎的角逐與決定形式，即事先宣布入圍人選與公開展覽這四名入選人的作品，會促使大眾對藝術有所反思。」泰納獎的宣傳資料促使每一名觀眾「自己去做評斷」，並加重語氣地補充說：「它提供了一個框架，能讓人積極的參與，不僅僅是觀賞一個透過策展人視角所呈現的主題性展覽而已。」

塞洛塔拒絕評論自泰納獎成立後，出現的其他大大小小的獎項，但他承認對英國藝術家塔西塔・迪恩（Tacita Dean）最近贏得古根漢的「波士獎」（Hugo Boss Prize）至感欣慰。他說：「迪恩在一九九八年獲得泰納獎的提名，當時她默默無聞；如果她那年獲獎，的確會讓人跌破眼鏡，但能在眾多的藝術家中晉升到提名名單上，對她的發展大有幫助。」

在泰納獎的二十二年歷史中，只有兩位女性藝術家——一九九三年的瑞秋・懷特里（Rachel Whiteread）與一九九七年的季莉安・魏林（Gillian Wearing）得到這項殊榮。在這個話題上，塞洛塔的口氣有點像政客，他說：「頭十年沒有女性得獎，過去十三年當中有兩位女性出線，因此前後是有所不同。」他皺了皺眉頭，嘆氣說：「很難說服評審團給誰正面考慮，評審團有自己的決斷力。可是如果有人感覺藝術家是因為性別或族別而脫穎而出，獎的信譽就完全喪失了。」他舉起一根手指放在桌上，彷彿在蓋手印一般，「不過你如果問我，過去十年中，男性藝術家與女性藝術家得獎的比例，是否與他們對當代藝術的貢獻成正比？我的回答是沒有。」

塞洛塔自一九八八年以來，每年都擔任泰納獎評審團的主席，雖然評審的委員是因各自卓越的條件被聘，而且完全秉持公正，但很少人記得哪些人在哪幾年擔任評審。另外，泰納獎有著不同時代的代表性，是社會的共識。對這兩點，塞洛塔說：「一般說來，評審委員對自己擔任評審是憂喜參半，他們深知新藝術與藝術家的脆弱性，更知道社會對他們的決定會有強烈的感受。」在首次評審會議中，塞洛塔會建議選出他們認為會贏的藝術家，「不要提名只有充數資格的人，因為提名可能成為被提名者的負擔」。他也透露自己經常受媒體撻伐，但已經習已為常，「因為我知道今天的報導只是明天用來包東西的紙張，而對藝術家與評審來說，情形就比較困難了。他們覺得被人矮化或醜化非常痛苦。」根據塞洛塔的說法，媒體現在覺得已經很難找到他們認為可以造成轟動的題材，他猜想：「也許泰納獎成熟了？也許我們已經進展到另一代藝術家的時代，他們的作品需要另一種注意力？」

四名被提名人各有所長

艾柏茲的畫室位於北倫敦馬廄街一棟叫做古比特（Cubitt）建築中，建築由一名藝術家經營，地面樓層共有三十二間工作室，但找起來卻有如迷津。艾柏茲的畫室是一間樸實無華的小房間，靠天窗採光；即使最近裝了暖爐，室內還是冷得令人不舒服。乾淨的水泥地板上有一張塑膠折疊桌和兩張來自廢物店的椅子，且明顯沒有任何視覺相關物品──沒有明信片、沒有簡報、沒有藝術書籍，只有她自己的目錄。艾柏茲也沒有雇用助手，不是自己攤在桌上的小塊帆布上，便是在自己的肘彎作畫。艾柏茲也不喜歡別人看她作畫，她解釋說：「這裡不會有你想像不到的事情發生，我只是坐在這裡畫畫而已。」

艾柏茲是「古比特」社區中受歡迎的一名成員，不討喜的工作如催收房租她都自告奮勇去做，在社區會議中每每是頭腦最能保持冷靜的一位。社區的鄰居談起她的怪癖都感到好笑；如果有人敲她的房門，她會只打開一道小縫，低聲說她十五分鐘後會出來。她是一個對外極端低調的人，與眾不同得令人欽佩。一批有創意的人每天在同一建築中進進出出，也只有她最不會引燃情緒戰。她在這個小小的社群中贏得高度有效率的名聲，有謠言說她是在人民公社中長大成人。我向她查證是否真有此事？她有點動怒地說：「我得回答這個問題嗎？這重要嗎？」

今年三十九歲的艾柏茲在德國出生，住在英國已經十二年。我去訪問她時，臉上除了腮紅，什麼妝也沒畫。她有雙清澈的藍眼與一頭及肩的長髮，她的人就跟她的畫一樣，非常收斂，而且有一種不是那麼咄咄逼人的美麗。她指著四幅掛在牆上、在不同完成階段的繪畫說：「我開始繪畫時，其實不知道會畫成什麼樣子。」艾柏茲的畫作全都一個大小，均是十九乘十五英吋的尺碼，而她一年的創作不超過八幅繪畫。她說：「我當然不反對速度快一點；我有時一幅要畫上五年，有時兩年。我最近完成的一幅畫是十年前開始畫的。我分階段畫，中間有許多休息的時間。」

艾柏茲作畫最先是從一層透明的壓克力塗料開始，然後再在上過透明塗料的地方上油彩，畫出幾何形狀的抽象圖形，讓觀者能夠產生稍許的形狀感。「我的作品遊走在幻覺與實體之間，會讓看的人有聯想。例如我會創作日光的效果或是一種移動的感覺，有些形狀甚至有陰影。」艾柏茲的繪畫中凸出的明亮線條，很多是原來的透明塗料所留，而沉鬱的背景則是最後揮灑到畫布上的筆觸。她繼續說：「我總是反其道而行，等我感覺作品已完全脫離我獨立時，我便知道自己畫完了。」

艾柏茲用一本德國姓名詞典來給自己的畫命名。我們在一幅叫作《米可》（Meko）的畫前留連，上面紅、白、綠色的油彩產生一種歐普藝術（Op Art）的感覺。藝評人形容她的繪畫是「活的」，會挑起「多數人能夠了解的衝突」。艾柏茲會操心畫作應該怎麼掛的問題，以及哪幅畫應該跟哪幅掛在一起，她掛畫的態度就像人安排晚宴坐位，如果《提特》（Teete）與《佛姆》（Folme）坐得太近，事情就糟了。我不經意地提起我對她使用的姓名詞典很好奇時，艾柏茲面露驚慌，並趕緊用一件毛衣蓋住那厚厚的神祕書冊，說：「最好還是沒人知道。」

艾柏茲談起自己的畫作不會興高采烈，不過她也發展出一套說辭：「作為一名藝術家，你為什麼想要去解釋自己？」說話之際，她不斷拉扯項上金鍊的一個小小金質馬蹄，「繪畫是非常視覺性的事，若多做詮釋，可能破壞了繪畫的精神。」她不願意指出自己的畫風受了誰的影響或對哪些畫家有好感，她什麼都喜歡「抽象」。對於什麼能夠造就藝術家這個問題，她倒是願意明確指出是「完美主義」，她說：「對我來說，你需要百分之百在意自己的創作，不能說『這樣就行了，當然用另外一種方式做也行』。作品應該如何呈現，你的腦子裡必須有一幅清楚的圖畫——必須跟腦子裡的圖畫完全一樣才行。」

有一個話題艾柏茲避之唯恐不及，那就是畫家歐菲利，他是一九九八年的泰納獎得主，也是上一位得到這個獎項的畫家。當時艾柏茲是歐菲利的女友，因此她對泰納獎特殊的公開過程非常熟悉。艾柏茲的眼光投向窗外，說：「我混跡倫敦藝術世界已經十一年，每年都有四名藝術家獲得提名；不管他們是誰，當中總有一位你認得。」艾柏茲考慮了三天才決定接受提名，「我希望參與跟藝術有關的事，不是藝術名流的活動。我希望自己能夠一直保持藝術家的身分，而不要一下子變成了其他的人。」她停了好半晌，才笑著說：「比方說像媒體人。」

不管泰納獎花落誰家，紐約的新美術館（New Museum）都已決定頒給艾柏茲一項莫大榮譽——為她舉行新館落成後的首次個展。新美術館的資深策展人蘿拉・霍普曼（Laura Hoptman）一直是艾柏茲迷，也十分健談，她說：「如果艾柏茲此時還沒有成名，我們也會找到方法捧紅她。也許這樣談抽象畫聽來有些奇怪，但她的畫總讓我想起搞運動人的畫作；我們生活的時代是一團糟，而我在這些小幅畫作中看見深長的意義。這些看似刻板的幾何圖形並不只是正式的練習，艾柏茲承襲了美國抽象表現主義畫家巴奈特・紐曼（Barnett Newman）、荷蘭畫家皮埃・蒙德里安（Piet Mondrian）或是俄羅斯出生的抽象畫家瓦斯里・康丁斯基（Wassily Kandinsky）所留的傳統，在藝術家努力多年的地方她有所突破——掌握了如何畫出宇宙初始的樸拙，她的繪畫中有這個「東西」與感覺，以及宇宙與內在靈魂的廣大無邊。」

● 真實似乎不是表面上看到的那樣

柯林斯與艾柏茲之間的藝術分野相去有如十萬八千里。艾柏茲是慢工出細活——孤寂與自制，不在意每天日常生活的特定細節，而柯林斯採集與記錄的卻是未經加工的經驗，以他人的參與為前提，並涉入他們的混亂人生。很少有藝術家能夠像柯林斯一樣抓住全球的重要時刻，也很少有藝術家能夠向艾柏茲一樣抵拒時代。然而他們創作史中的相似處，顯示這個藝術世界是多麼小：兩人都在全球最小、位於紐約的「錯誤美術館」（Wrong Gallery）展出過、都在伊斯坦堡雙年展中受到好評，也同時得到過獎學金性質，旨在給予藝術家「思考空間」的保羅・漢姆林（Paul Hamlyn）獎。兩人最後的共同之處為：柯林斯與艾柏茲都被英國最具影響力的藝術評論家《衛報》（Guardian）的亞德利安・塞爾（Adrian Searle）與《每日電訊報》（Daily Telegraph）的里查・杜曼（Richard Dorment）看好。

不過，最被賭徒下注看好的是華倫。英國賭徒下注市場中最有名的是威廉・希爾公司（William Hill），舉凡當代文化與社會大事，如奧斯卡獎（Oscars）、布克獎（Man Booker Prize）與其他可能成為最佳暢銷書的書籍，無一不設局下注。該公司的發言人魯柏特・亞當斯（Rupert Adams）說，泰納獎花落誰家非常難預測，倒是此獎無論是簽注或組頭都不需要什麼專業知識。他說：「我們透過谷歌（Google）檢索藝術家，知名度最高的通常排在最前面幾個，是這些人身價的指標。今年我們覺得應該是一名畫家得獎，這是外行人也稍有了解的藝術形式。五月提名時我們以六比四看好艾柏茲，但是華倫後來居上，因為人都把錢押在她身上。」目前相關的賭資已高達四萬英鎊，泰納獎是一個很小的市場，經常受「親朋好友的下注」影響。

藝術家泰森二〇〇〇年被提名時，曾經承認自己有賭博的問題，他說：「我對機率與幻想擊敗數學公式極有興趣。泰納獎是我第一個可以發揮影響力的押賭機會。我的機率是七比二，如果在四匹馬的競賽中，這種比率是種污辱。我毫無選擇；我相信一定是我對自己押注，而使我從不被看好變成最被看好。我不願說我抱回多少錢，不過抱回去的錢超過我的獎金，而當年的泰納獎金額為二萬英鎊。」

提奇納（當時在設賭局的人排行中排名第三，機率是三比一）。十一月初的某天，他在泰德英國美術館的提奇納展覽室中，對五十五名左右的參觀者講述他的藝術。三十三歲的提奇納身上揉雜了羞怯、嬉皮兼搖滾明星的味道，吸引了很多穿鼻環、露乳溝的年輕時髦女性。他也是本屆被提名人中最年輕的一位，作品受到藝術學院學生的歡迎，英國館中由雅凱語音公司（Acoustiguide）為他製作的導覽錄音中，擔任講員的是「碾核」樂風（grindcore）搖滾樂團「致命汽油彈」（Napalm Death）的主唱。提奇納的展覽廳蓄意擺得很擁擠，一尊全身會旋轉產生迷幻效果的黑白雕塑、不斷閃出墨跡的螢幕、一座上面寫著「世界小主人出來」的大幅紅黑雙色海報，另外還有三座大木雕（分別代表講壇、樹木與上面放滿汽車電池的桌子），三者用電線連接，據稱可以放大通靈的情緒。室內充滿了活動。

提奇納無精打彩地把雙手插在牛仔褲的口袋裡，解釋那座名為《故麥角菌》（Ergo Ergot）的旋轉雕塑。名中的「故」典故出自笛卡兒（René Descartes）的名句「我思故我在」（Cogito Ergo Sum），而麥角菌（Ergot）是一種可用來合成製造出有迷幻效果的ＬＳＤ。提奇納對這些字的意涵非常了解，但他怕被人認為賣弄，因此避重就輕地結論說：「我想這有點像真實似乎不是我們表面上看到的那種情形；我們根據支離破碎的信心建立起自己的信仰系統。」他將蓋在眼上的頭髮撥開，然後有點像自問自答地說：「藝術作品在這種前提下成功，代表的是什麼？人喜歡？是花了很多錢買來的？藝術評論家喜歡？」他沒有提到評審。

● 創作是讓自己接受自己的工作

人群散去之後，提奇納在自己的展覽室中流連，他告訴我回到展覽室有點像回到犯罪現場，心態上有點難適應，因為「你開始質疑若干自己做過的決定」。跟其他被提名人一樣，他對整個過程感到不自在，他說：「被人覺得夠資格當然好，但也可能會讓人陷入迷戀的狀況，一整天都在網路上檢索自己。」提奇納受不了看報，他說：「此刻我沒興趣。」他皺了皺鼻子，好像聞到什麼不好聞的味道，「我過去都看，可是當我看到對作品不公平的評論時，我會火冒三丈，因為那跟我其實一點關係都沒有。」他看著地板，眼光在地板上游移。「對藝術家來說，最重要的事是每天都能夠自得其樂，他希望能夠長期維持在一個水平，而且能夠有所提升。」

我告訴提奇納說，我的印象是：大部分的藝術家覺得自己會贏，不管真正的機率如何。首先，所有親朋好友、畫商與他們周遭的人不會說長他人志氣，滅自己威風的話，就算有冷水，也只會在被提名者的背後潑。其次，從藝術家同意參賽的一開始，他們就進入一個奇怪的領域，他們需要擁有強烈的自信靠它來度過大眾的挑剔。提奇納做了個痛苦的表情說：「覺得自己會贏是自我虐待的好方法。我的同僚都替我打氣，但有幾個說：『很不錯，展覽好極了，可是你不會贏。』」

華倫在英國時尚雜誌《哈潑斯與名媛》（Harpers&Queen）的專訪中，形容自己是「怪異的中年鄉下美術老師」，看了那項專訪後，我再度向泰德英國美術館新聞辦公室情商從中安排訪問華倫。在離最後評審還有五天時，我得到採訪機會，只有一小時的時間，沒得商量。採訪地點是在泰德英國美術館，華倫接受採訪時，身上穿的是牛仔褲與黑西裝外套，腳上的綠長統靴似乎是她鞋類的珍藏之一。她的黑髮在腦後隨便綁了個馬尾。她告訴我：「我盡量不從競爭的角度去想跟泰納獎有關的事，因為那樣會讓你去猜，什麼才是從事藝術工作的最佳方式？那樣一來，藝術創作便會受到影響。我希望可以對自己的創作盡可能地忠實。一切的努力最後都會具體化，你的創作會以一種可以讓大家認得出來的形式呈現，不這樣的話永遠不會有人知道你在幹什麼。『哦，莉貝卡．華倫搞的是那種藝術』終究會清楚地顯示出來。」

雖然華倫很清楚自己要以藝術為一生的志業，但奇怪的是，她對自己的作品卻不是同樣地肯定，她說：「我不見得喜歡自己創作的東西；創作是讓自己接受自己的工作。」當我問她「偉大的藝術作品需要具備什麼條件」時，對這樣難以回答的問題，她一時的回答是：「注視偉大的作品，你不會覺得煩，不是怎麼詮釋都可以，但也絕非只有一個受限的固定意義。」對英國小報像消去法般的簡化報導模式，華倫感到啼笑皆非。在泰納獎四名入圍者名單宣布後，《每日明星報》（Daily Star）以「敬陪末座獎」的標題報導她被提名的新聞，報導中有一幅插圖把她的屁股畫得超大，還配了旁白說：「我的屁股看起來大嗎？」華倫的反應一點也不含糊，「一旦上了《每日明星報》，還有什麼話好說？！」

華倫的作品有明顯的「英國新秀藝術家」（YBAs）標記。YBAs一詞是收藏家兼畫商史塔奇所發明，它既是一種美學趨勢，也是一種品牌與社會團體的標記。這些年輕的藝術家風格極為不同，但從事的大都是具象的藝術創作，也都是媒體窮追不捨的報導對象。多年來，赫斯特被視為是這個無章法的藝術世界的領袖與支派之一。YBAs最初跟倫敦大學戈斯密斯藝術學院（Goldsmiths）有關，但後來逐漸向白色方塊畫廊靠攏。我問華倫對YBAs一詞的觀感時，她認為自己是PYBA——「後英國新秀藝術家」，她說：「我跟他們年紀相仿，但後來才加入他們一夥。我跟他們『掛勾』，但不是掛得那麼緊。這些人我大部分都認識，也認識年輕一代的藝術家。」

評審團當中的遮羞布

多年來一直謠傳，塞洛塔操縱了「泰納獎」的最後決定。我向塞洛塔提及此事，他最先閃爍其詞地回答：「我在一個不太重視藝術的社會做事，因此我經常感覺如果過於堅持一種藝術型式，其結果是毀滅性的。」然後他又語氣不耐地說：「我的品味比我的名聲廣闊得多了。」他閉眼沉思了一會兒後承認：「在『事情』——請注意我用的不是『暴風雨』這個字，在它來臨之前的寧靜期，我會開始考慮如何能夠策劃出一個好的結果、我可以怎樣強調這裡或那裡，好推動討論過程，讓大家都有機會講想要講的話。有時決選會出現僵局，我不得不傾向一方，因為我不希望在那種情況下將就第三人選。」

今年的客觀贏家，將在四名評審的個人主觀口味加總後誕生。這四名評審中包括，一名新聞從業人員與三名策展人。《觀察家》（The Observer）專欄作家琳．巴柏（Lynn Barber）是唯一不是藝術世界的局內人。在泰納獎提名人展覽推出前兩天，她發表一篇記述她當評審經驗的文章〈我如何為了藝術吃苦頭〉（How I Suffered for Art's Sake）。她寫道：「我不願意這樣說，但是當了一年泰納獎的評審，我對當代藝術的熱忱雖然還未被澆熄，但實在是被潑了冷水。」她表示自己能當評審，資格並不重要，得獎的規則非常「怪異」，而她的判斷力也「潰不成軍」。她同時也表示，雖然四名入圍者個個都有「饒富興味」的作品，但顯然其中一人「高出其他人甚多，如果不選此人，一定是瞎了眼睛」。事實上，問題早在挑選最後入圍人選時就發生了。巴柏不滿她選的藝術家遭到「無情的拒絕」，她不知自己獲邀加入評審之列，是否只因為藝術世界的權謀運作需要一塊「遮羞布」而已。

不消說，泰德英國美術館的人都私下氣炸了，塞洛塔說：「評審團因為巴柏的文章而更難共事。過去評審想說什麼就說什麼，不必擔心會被寫下來外傳，並成為攻擊自己的彈藥。」巴柏的指控之一是，評審團並不從社會大眾的角度考慮提名事宜，但塞洛塔不接受這種指控：「評審團非常重視提名過程。」他揚起眉毛，接著笑著說：「不過，當然不會深入到調查那位藝術家曾在哪個鳥不生蛋的文化沙漠辦展覽的程度！」

其他的評審也一樣生氣。在戈斯密斯藝術學院負責策展課程的安德魯．任頓（Andrew Renton）向我表示：「我覺得她這樣說可能是自掘墳墓。我們還未完成評選過程她就公開放砲，這樣無疑不是評審應有的作風。」任頓也表示，巴柏因為在藝術方面缺乏經驗，對她中意的人選，其他評審感到其實過度不夠成熟。跟其他主張評選標準一致的獎項一樣，泰納獎希望在「適當時機」，頒獎給夠資格的人。他解釋說：「提名剛出藝術學校的人角逐泰納獎，是完全不負責任的作法；同樣地，它也不應該是『中年危機獎』。」泰納獎希望肯定的是處於早發與晚達之間尖峰狀態的藝術家；頒「終生成就獎」沒有什麼精采的戲劇性可言，因為它錯不到哪裡去，而頒獎給極為年輕的藝術家發掘人才，也不會精采，因為賭注實在太小了。

• 觀點的衝突才能帶來啟發

任頓還未決定誰應該出線，他說：「我心目中最偉大的批判作品是猶太法典《塔木德經》（Talmud）。裡面的論點一個超越一個，辯論一直進行，對話亦沒有止盡，允許多種觀點同時存在。對我來說，藝術的意義也是如此。」觀點的衝突可能帶來啟發，不過利益的衝突卻會製造混淆。在監督一項私人收藏時，任頓每週都會採購藝術品，他說：「我們大概是第一批真正支持華倫雕塑作品的人，我們也擁有幾卷柯林斯的錄影帶，而我們也剛剛買了一幅提奇納的作品，目前我們還沒有的是艾柏茲的作品。一個人愈夠資格當評審，衝突的地方也愈多。可是我必須比其他人更為嚴謹。在評審室裡面，我的任務是保持透明，我交出自己的權威。」

另一名評審瑪歌．海勒（Margot Heller）是南倫敦美術館的館長，曾經在這裡舉行過展覽的年輕藝術家，很多後來都得到泰納獎。像許多奉獻給菁英藝術世界的人一樣，海勒對媒體有恐懼症，不過她努力想克服這一點，有意要用這次採訪來實驗一下恐懼症的心理治療。她說：「我聽說許多人鐵口直斷某某人一定會贏；我是評審，卻真的不知道誰會脫穎而出。」我在海勒的白色辦公室裡跟她見面，她的白色襯衫一直扣到脖子，她有點焦慮地看著我的數位錄音機說：「我不相信有所謂四名最傑出藝術家的事。我們的決定也是一個團體的決定，而我對我們提名的四名藝術家也極感滿意，但如果你要問我個人的意見，卻未必跟這個名單完全一樣。」

第四位評審馬修．席格斯（Matthew Higgs）是紐約「白柱」（White Columns）美術館館長，這座美術館是紐約歷史最悠久，由藝術家主導展出的展覽場地。席格斯的辦公室有如衣櫥，四周全是用泡泡紙包起來的手足畫家作品，我就是在這裡進行訪問。席格斯是科班出身，目前依舊從事藝術創作，作品會在有「不值一讀」與「藝術不容易」字樣的書頁中出現。風聞席格斯有能力左右評審團，而且「對排斥異己毫不留情，對自己支持的人選則口若懸河」，我提起這項傳言，他透過臉上歌手巴迪．霍利（Buddy Holly）所戴的那種老式眼鏡看著我說：「我不會把任何事情打入地獄。我支持我相信的事，我也相信很多事。」雖然他推崇泰納獎在藝術民主化上所扮演的角色，但也認為很多「不張揚的敏銳作品經常在展覽中被埋沒，許多浮誇與寫真性質的作品在展出中卻極為呱噪」。這是否是一個暗示？席格斯在解釋偉大藝術創作應該具備的條件時，進一步透露出他可能在評審會議室中支持誰。他說：「偉大的藝術不是為了創新而創新，或是要表現出新奇跟與眾不同的野心。一件好的藝術品讓我們有機會去探討與時間的不同關係。」然後又小聲地喃喃說道：「它通常是藝術家個人對世界的激進與特殊的詮釋。我們會受這類藝術的吸引，因為我們與生俱來就會受他人的吸引。」

● 藝術要能打開自己的思維

還有一週就要頒獎，柯林斯在皮卡迪里區（Piccadilly）一個簡陋的場所舉行記者會。他邀請了九個曾經參加電視真實情境秀的人現身說法，作為他《從真實情境秀重返現實》作品的部分內容，將他們的親身經歷與感受，告訴包括巴柏在內的一批記者。一名年輕的男子談到自己是如何興奮地前往電視公司參加角逐，等他到了地中海小島伊必薩（Ibiza），要跟一名叫做瑪莉安的女性約會時，才發現瑪莉安是預先挑選好、有變裝癖的同性戀，他感覺深受侮辱。巴柏從觀眾席起鬨問道：「你以為自己是在做什麼？」無懼於巴柏對泰納獎握有生殺大權，柯林斯要巴柏閉嘴。

在記者小組提問之後，記者會開放給大家發問，柯林斯手拿無線麥克風走到發言的人面前，有如專業的談話秀主持人，但偶爾也會放縱自己做出一些驚人的「不專業」舉動。他會重重地在椅子上坐下，看著自己的雙腳，咬著嘴唇，並用麥克風擦自己的臉頰。

當他看見第四新聞台藝術記者尼可拉斯·葛拉斯（Nicholas Glass）時，他大聲叫他的名字「尼可拉斯！」向他點頭招呼。葛拉斯問這些受訪人，作為一件藝術品的一部分，他們有什麼感覺。

一名女性回答：「我喜歡可以自我展示。」這名女性參加電視美容秀《美麗新佳人》（Brand New You）時，因為手術併發症而飽受後患之苦。

一名男子說：「藝術就像與人對話。這個作品非常有互動性。」這名男子因為兒子在真實情境秀《馴服青少年》（The Teen Tamer）中行為不良而受到譴責。

想與瑪莉安約會的那名男子說：「泰納獎的意義就在此。」

一名來自德國的記者對柯林斯提出一個問題：「這個計畫真的是藝術嗎？」

柯林斯注視著她的攝影機說：「如果這不是藝術，我要請教妳的是：這是新聞嗎？」

攝影記者在攝影機後面搖頭大聲說：「這段我們不能用！」

柯林斯的作品的確不像藝術，媒體人離去之後，我問他原因何在。第一，他希望自己的作品「靠近它要批評的事物，因此有時美學層面便刻意削弱了」；第二，他認為最佳作品起碼要肯定一個人的期待，「當你無法相信自己所看到的東西時，簡直太奇妙了——我期待那種時刻。對我來說，藝術叫人不安的本質就是它致命的吸引力。」

三天後，在正式頒獎前的星期六晚上，四號電視台播出《挑戰泰納獎》（The Turner Prize Challenge），這是泰德英國美術館製作的一個半小時長「真實情境秀」節目，四名角逐者——兩名學生、一名會計師與一名美術老師，要向社會大眾解釋四名入圍藝術家的作品。電視節目上的四名參賽者是從幾百名試鏡者篩撿出來，之前曾在泰德英國美術館的「泰納獎錄影棚」中接受錄影並發表評論。泰德英國美術館自認是內容與設備一應俱全的機構，有完備的媒體採訪設施，有剪輯室，也有經常出任務的攝影小組。而在《挑戰泰納獎》電視節目中，一名參賽者說，在她藝術欣賞的「旅程」路途中，她體會到藝術不應只是「取悅眼目」，而是要「打開自己的思維」。電視節目競賽的得獎人米莉安．洛伊德—伊凡斯（Miriam Lloyd-Evans）是二十一歲，嘴唇豐滿，學藝術史的女學生。她出的奇招是：打電話到柯林斯的電視真實情境秀受害人熱線，問他想不想知道她在《挑戰泰納獎》節目裡的經驗，也因此而捧回了勝利的獎盃。

決定自有其內在邏輯

塞洛塔與評審團坐在天花板挑高的董事會會議室中，他們已經花了三小時的考慮時間，要決定誰是優勝者。四張白色的桌子排成一個大的正方形，十六把椅子沿著桌子四周平均放好。室內有一扇窗子可以俯瞰河水混濁的泰晤士河，塞洛塔一人占據了一邊，面對著這扇窗子。四名評審最先坐下時，任頓、海勒與席格斯三人一排，坐在塞洛塔對面，巴柏則一人孤零零地住在他左手邊的一排。塞洛塔用眼光向任頓示意，任頓會意後，起身去坐在巴柏的旁邊。巴柏利用這個機會向大家道歉自己考慮不夠周延，並承諾不會再撰寫有關最後決選過程的報導。評審委員們看了泰德英國美術館媒體部門針對四名藝術家拍攝的三分鐘訪問後，展開了討論過程。

會中評審最先意見分歧，但沒多久，四名評審中就有三人對兩位藝術家同樣中意；沒有人談到藝術媒介或性別的問題，正反意見都愈來愈多，倒是藝術的相關性與時機問題常被提及。評審每進行一次談話，情勢似乎就改變了一次；如果塞洛塔心中有屬意的人選，他倒是深藏不露。下午一點過後，評審們似乎達成了共識，他們移到隔壁的房間，在用餐之際，省思大家的決定。之後，他們又回到會議室，確認最後的決定，並討論新聞通稿中應該寫些什麼。下午兩點，他們的任務已經完成。

任頓要離開泰德英國美術館時，從他的黑色「紳寶」（Saab）敞篷車中打電話給我說：「評審真是非常辛苦的工作，競爭非常激烈，但我們做成了決定。」他稍稍歇斯底里地笑了笑，說：「評審過程中沒有拳戰，我們只對四名藝術家的長處進行精闢的討論。我們表現得非常有大人風度。」任頓轉彎時，因為難度太高，車子發出嗶嗶的聲音，「我只能說，他們的個展對評審過程有很大影響，那是最後的難關。」電話中傳來喇叭聲，可能是雙層巴士漸漸駛近，我聽見他說了聲「唉喲」，然後又回來對我說：「決定自有其內在邏輯，最後一定得如此。」

人謂泰納獎是藝術家能否長期維持藝術創作活力的指標，不過這種說法日久天長後也可能成為一種會自我實現的預言。被提名的光環會讓一名藝術家信心大增，也會強化藝術家的雄心，而美術館的公開背書更會為藝術家帶來進一步的展出機會。不過，評審不是想選誰就能選誰；如果他們不能拔擢出最優異的藝術家，起碼也要選對人。我在蒐集資料研究泰納獎的過程中，經歷到究竟是雞生蛋或是蛋生雞的矛盾：泰納獎是「反映」，還是「造就」了英雄？後來我意會到是兩者兼有之。

● 花落誰家？

下午五點三十分，在頒獎派對展開前一個小時多，人潮湧往泰德英國美術館的放映室，觀賞叫座的影片「藝術巨擘」（Old Master show），播放的「霍爾班在英格蘭」（Holbein in

England），恰巧說明了倫敦為何有著吸引國際藝術家的悠久歷史。而樓上的杜芬館，此時已經赫然轉變為一個高尚的夜總會，廳內擺著的黑色真皮長沙發，也散發出紫色的燈光。在圈給外燴的角落，廚師正在對開胃點心做最後裝飾；在一個壁龕，一名ＤＪ正在準備唱片；室內的另一頭是電視台新聞製作隊伍已經搭好的轉播台，工作人員正在試音效。

葛拉斯正對著攝影機用低沉與溫和的聲音說：「我們正與四名藝術家一同屏息等待結果揭曉。他們在等，我們也在等。但是等待即將結束。小野洋子已經來到現場，塞洛塔即將走上頒獎台，他走過來了。鏡頭轉到尼克爵士。」葛拉斯含笑將麥克風放低，他對我說：「當然真正轉播時，我的台詞不會完全跟現在一樣。我們在新聞結束後有六分鐘的現場轉播時間；在致詞演說過後，我們會放一段得獎藝術家的作品剪輯，也會對今年的泰納獎得主提出三個問題，希望他或她能夠在轉播結束前，有時間說出一點心聲。」

葛拉斯雋語不斷：「塞洛塔表現得絕對專業，他上下台都很迅速。」他停下來，笑著說：「訪問喜出望外的美術家我倒是有點焦慮。這當然要看是誰贏，如果驚嚇過度講不出話來，在電視上就有點糗。不過觀眾照樣喜歡看，如果今年的得主激動得說不出話來，他們也會看得樂不可支。」他又停了一會兒笑著說：「那時我可能已經幾杯酒下肚了。現場轉播很容易搞砸，但是我已經驗老到而不會去在乎。」四號電視台的七點鐘新聞是，英國電視台中少數一個鐘頭的新聞節目，即使它撥出六分鐘的時間給葛拉斯，比其他電視台的兩分半鐘多些，葛拉斯也承認「自己沒有賣弄學問的餘裕。就像轉播足球比賽，你可以與觀眾一同猜測大獎究竟會落在誰家，感受其中的緊張氣氛，然後在球賽結束時分享得獎人的興奮。」

我可以從葛拉斯肩膀上方看見小野洋子慢慢走上頒獎台，她穿著長褲、戴著一頂禮帽，臉上也掛著約翰藍儂式的墨鏡。她把麥克風調整到適合她的高度，開始致詞：「一九六六年我在紐約，我接到倫敦一項邀請，然後飄洋過海展開了我的旅程，而這趟旅程改變了我的一生。」她的口音透露出她的日本背景。「那時紐約是全球的藝術中心，如今則是倫敦。」她熱情地唸著稿子，彷彿在朗讀一首詩：「藝術家的力量可以影響全世界……」她的聲音在空曠的杜芬展館中回響，「我非常榮幸能夠將泰德英國美術館的大門再向一位年輕的藝術家打開，二〇〇六年泰納獎的得主是……」她停下來，手中的信封是空的，因為這只是彩排。

我趕到她的隨員站定的地方，準備採訪她。她溫柔地對我說：「藝術的精神是表現真實。政客忙著做秀與偽裝，藝術家則能夠自由地表現自己。但是如果我們對自己自我檢查、配合金錢世界，我們就摧毀了藝術的純真。」我不知她對泰納獎競爭的一面有何想法？「我對只能宣布一位得獎人感到遺憾，但我也認為能夠入圍，就已經對四位提名人的生活帶來很大改變。和平產業的各界總是經常彼此批評，但是戰爭產業的人卻如此團結。我們需要尊重彼此的立場，藝術能夠興盛是一件好事。」

● 評審結果是一種自身的反映

下午六點四十五分，美術館大門開了，群眾穿過警衛身旁，紛紛湧進，大廳內的侍者端著盤子等候，盤內是用葛登牌（Gordon's）琴酒調成的雞尾酒，不消說，葛登公司是泰納獎的贊助廠商之一。群眾中可以見到往年的泰納獎得主懷特里（一九九三年）、沃夫岡．提爾曼斯（Wolfgang Tillmans，二〇〇〇年）、馬丁．克里德（Martin Creed，二〇〇一年）、泰森（二〇〇二年），與一身黑色橡膠衣著的裴利（二〇〇三年），以及戴勒（二〇〇四年）。

自從抱回泰納獎後，裴利就成了英國最有名的藝術家之一，除了從事藝術創作外，他還每週固定替《泰晤士報》（The Times）的專欄寫稿。他甩了甩手提包，並看了一眼他太太說：「與其作為媒體報導的對象，不如成為它的一員。藝術世界中有一種高高在上的心態，暗示藝術家應該只是一個躲在作品後面的暗影，主張保持高格調的行銷策略極為常見，至於有人稱其為行銷策略或藝術人格，又是另外一回事。」裴利碰見三名女粉絲，停下來跟她們寒暄，又斷續說：「藝術世界中已經有太多的好戰派酒鬼、情感不穩定的女性與飽受折磨的發怒靈魂，出家人兼藝術家是非常誘人的一個類型。藝術家／聖徒／出家人的作品是藝術當中很誘人的一部分，世人都想去沾惹這樣的作品，去碰他們的衣角什麼的，簡直搞得像是宗教的一部分。」

《衛報》藝術記者夏綠蒂・席根斯（Charlotte Higgins）說她已經交稿了。「第一次稿最晚可以八點鐘交，但那麼晚其實會令下游作業同仁皺眉頭，那個截稿時間只保留給死亡或災難等重大意外。我的主編通常六點鐘就催稿了。」希金斯每週平均寫四千字，報導五則新聞，「每年這個時候，我都會在下午四點左右打電話給知道誰贏了的新聞負責人，在六點前火速寫出六百五十字，然後換上乾淨的衣服趕到這裡。」她瞥了手上的黑莓機一眼，「記者會之後，我會再打電話回報館加一點花絮與引述，供第三次版使用。現在我希望有精采一點的事發生——混亂或競爭都行。」她看了群眾一眼，然後咯咯笑著說：「如果已經知道結果，然後再看現場的熱鬧與期待，實在有點滑稽。」

觀念藝術家克里德感到有點懷舊。他二〇〇一年的得獎作《作品二二七號：閃爍之光》（Work No. 227: The lights going on and off），目前在紐約現代美術館展出。他說：「我還記得自己怕輸，卻又不希望自己那麼在乎的情形。夾在一心想贏，又同時認為競爭非常愚蠢的兩種不同心情之中，感覺非常不好。在競逐泰納獎的過程中，我更認識自己，了解到自己是如此好強、害怕失敗到某種程度，我讓自己進入一種不論我做什麼，都可以假裝自己贏了的境地。」他看了看手中的高腳酒杯，檢查了一下調酒中的莓果成分後才喝了一口。對克里德來說，展出是每位藝術家的顛峰，沒有高下之分，「如果藝術家創作出作品，評審創造的便是贏家。不管他們選的是誰，都是一種他們的自身反映。」

● 得獎人是……湯瑪．艾柏茲

在頒獎禮堂旁的一個展館，在一間掛著威廉．布雷克（William Blake）畫作，充做休息室的灰色廳堂中，今年的泰納獎提名人正在享受香檳，他們都穿上可以入鏡的行頭，彼此誇獎對方的穿著，完全不提跟泰納獎有關的事。在各處走動的塞洛塔走了過來，恭維提名人的展出成功，並說：「我知道這不容易，但儘管有這麼多壓力，我希望這是一次愉快的經驗。」雖然評審也被邀請至此，當席格斯進來時，他只蜻蜓點水地稍微停留，馬上又回到杜芬館的派對去了。

DJ放送出音樂，燈光也打出效果，頒獎活動開始有點像高中的畢業舞會，當然舞會的規格要比狄帕瑪《魔女嘉莉》中的舞會高級多了。的確，這場頒獎典禮頗像畢業典禮，至少也是許多英國藝術家必經的重要大事。唱名後，被提名的藝術家一個個走出來，然後被帶到頒獎台左邊的一個壁龕，就像競逐舞會皇后的入圍者一樣。柯林斯今天衣著光鮮，鬍子與頭髮都打理得乾淨，也表現得最不在乎。穿著黑色短袖洋裝與灰色高跟鞋的華倫，有時輕浮有時沉穩。穿著藍色西裝外套的提奇納是一付撲克面孔，女友則不斷抬頭含情脈脈地看著他，給他打氣。艾柏茲一人遠遠坐在長凳另一端，她穿著時髦的灰白二色反穿式洋裝，看起來悶悶不樂。她駝著背，頭埋入手中，手肘架在膝蓋上。被提名人的一舉一動都落在代表他們的畫商眼中。塞洛塔一面走上頒獎舞台，一面跟人交談。他身著深色西裝、白襯衫與銀色的領帶，裝扮可能有點像出席喪禮，卻將他襯托得十分英俊。美術館的一名女公關在我耳中悄聲說：「時間到了。」館長站起來走到發言台前，以「質問當代價值觀」為題，發表了一分鐘簡短演說，引介小野洋子上台時，稱她是「有國際聲譽的藝術家」。

在場的大多數人都關心誰是贏家；有些人期待朋友勝利已久，也有些人相信榮譽比其他獎項更有意義。小野打開信封之際，會場是一片讓人痛苦的沉默，終於她宣布了：「得獎人是……湯瑪．艾柏茲。」

艾柏茲走上舞台，親了親小野的面頰，發表了她簡短而未曾事先準備的演說。演說完後她被迎下舞台，四號新聞台已經準備好現場轉播訪問。塞洛塔迅速地走向左邊，與今後永遠只是泰納獎提名人的藝術家握手與親吻致意。艾柏茲接受訪問完畢後又被領到她的展覽室，鎂光燈閃個不停，狗仔隊不斷大喊：「喂，湯瑪，看這裡！親愛的，往這裡看！可以笑一個嗎？」艾柏茲對各種問題都應對得恰到好處，《每日電訊報》的藝術記者忍不住說：「她應該到外交部做事才對。」

一個小時後，回到杜芬館後，群眾已經大致散去，謠言也滿天飛。有人告訴我華倫展覽室中的所有雕塑已被十餘名收藏家搶購一空，賣了大約五十萬美元。人謂泰納獎提名通常會使藝術家的作品售價提高三分之一，而得獎則會使售價暴增一倍。

柯林斯不久後將搭飛機前往印尼，為一部錄影作品蒐集資料。他與華倫都已經分別前往頒獎後的慶祝派對。柯林斯的慶功宴在克拉肯威爾．格林區（Clerkenwell Green）的三王酒館，而華倫則是到一名義大利世界級藝術人物為她舉行的私人派對慶祝。

提奇納依舊留在現場，他在友人簇擁下靠在酒吧邊。他已排定在威尼斯雙年展一項英國團體展中展出。他一面喝著啤酒，一面告訴我說，今晚在這裡他不是那麼風光，「有點像女友在公開場合拋棄你，然後又要你跟她『繼續做朋友』。而知道怎麼一回事後，並不能減少你心中的怪異感覺。」

5

《藝術論壇》雜誌

The Magazine

一個春寒料峭的情人節，上午八點三十分，我沿著第七街走向《國際藝術論壇》雜誌（Artforum International）的辦公室。一名操著厚重聲音的小販對走出地鐵的通勤族高嚷著：「來拿免費的《紐約晨報》（A.M. New York）！」藝術世界也許有著多元的中心點，也走上全球化，但曼哈頓仍是平面媒體之都，它對藝術評論家的支持，比其他任何城市都多。我走進外觀樸實，一九二〇年代落成的「新藝術大樓」（Beaux Arts），這裡是《國際藝術論壇》編輯部與廣告部人員工作所在。在藝術世界中，《國際藝術論壇》的地位就像《時尚》雜誌（Vogue）在時尚界、《滾石》雜誌（Rolling Stone）在搖滾樂界的地位，是望重一方的專業藝術雜誌，影響力令人側目。在美國電視連續劇《慾望城市》（Sex and the City）中，有一集描述莎拉・傑西卡・派克（Sara Jessica Parker）與麥海爾・巴瑞辛尼可夫（Mikhail Baryshnikov）兩人所飾演的角色戀情開始惡化。我們怎麼知道呢？因為巴瑞辛尼可夫在床上看一期《國際藝術論壇》。同樣地，卡通連續劇《辛普森家族》中的小惡棍霸子・辛普森（Bart Simpson）成了藝術家，在他的樹屋裡開了一家畫廊時，我們怎麼知道他成功了？因為他在卡通劇裡面登上權威性的《普際藝術論壇》（Bartforum）的封面。

自六〇年代起即建立專業權威

老式電梯的「叮」一聲告訴我十九樓到了，我走出電梯，映入眼簾的是兩扇對開的玻璃門，一扇寫著《藝術論壇》（ARTFORUM），另一扇上寫著《書籍論壇》（BOOKFORUM）；門上還貼著一張橘色的貼紙，上面寫著「若送披薩，請進並叫喚」。未上鎖的門後面，看得見一張公園裡用的那種長椅，長椅對面是一張會客接待桌，以及有曼哈頓郵遞區號的地圖。再往前走幾步，可以看見開放的辦公空間、幾張白色的木桌，桌子上放著白色的蘋果電腦和枯萎的白色雛菊。我高聲問：「有人嗎？」回我的是一片沉寂。似乎所有的聲音都來自外面：警車或救護車的警報聲、汽車喇叭聲，要不就是建築工程的機器聲。

進門處一個櫃檯上放著一疊二月號的《藝術論壇》，雜誌方正的外觀散發著獨特的味道。這一期的封面是以畫家愛咪・席爾曼（Amy Sillman）的懷舊現代主義油畫《水管》（The Plumbing）為封面報導。第三頁是目錄，開頭是追念瑞典博物館館長與好萊塢電影導演勞勃・阿特曼（Robert Altman）的文章，接下來是對著名的馬克思藝術史學者克拉克（T.J. Clark）最新著作的評論。在建築與設計專欄之後，刊登的是一名年輕藝術家最情有獨鍾的十大美展，與其他文化經驗的文章。篇幅較長、理論性較強的論述放在後頭；它們多半是探討當代藝術家作品的短文。其後就是針對全球藝展的四篇長篇與四十篇短篇藝術評論。我想翻到表演藝術家米蘭達・裘麗（Miranda July）所寫的千字文章，但是因為廣告頁面太多而無法一下子找到。

我的手機響了。「莎拉！我是奈特。」奈特・藍茲曼（Knight Landesman）是《藝術論壇》的發行人，他的衣著總是不外三原色，在他眼中，廣告行銷有如表演藝術。

我說：「我已經在你辦公室。」

他問：「妳還是打算參加今天傍晚的開幕式？」

「當然。」我想體驗令《藝術論壇》興旺的兩種截然有別的動力，因此決定要把下午的時間花在「大學藝術協會」的會議中，跟藝術史學者切磋，傍晚則到雀兒喜的畫廊參加一項畫展揭幕式。我問他：「你會穿紅西裝嗎？」

他回答：「當然。妳不會以為我今天會穿黃的吧？」

就在我掛上電話之際，查爾斯・顧里諾（Charles Guarino）從一個書架後面走出來。他穿著牛仔褲和黑色開襟的拉鍊絨衫，張開雙臂，誇張地說：「親愛的！」長期失眠與賣力工作是顧里諾的兩項特質，他也因而經常在空蕩的辦公室走動。《藝術論壇》有點像一個家中有青少年的家庭，總是有人進進出出，總是無法同時到齊；發行人、會計與廣告人員來得早，離開得也早，辦公室到了晚上便是編輯部的天下。我們走向顧里諾辦公室時，他對我說：「《藝術論壇》是絞肉，妳要拿我們做肉餅，還是做肉丸？」

顧里諾、藍茲曼與東尼・寇納（Tony Korner）三人是《藝術論壇》的發行人，一起打拚將近三十年。寇納在一九七九年十月買下這本雜誌的發行權，當時他辦公室裡只有兩部打字機、四部電話分機和一張訂戶名單。藍茲曼與顧里諾不久後加入，那時，《藝術論壇》已經打響名氣了。《藝術論壇》原本是一九六二年在舊金山創刊，但不久便遷到洛杉磯，在洛杉磯時代，《藝術論壇》建立了它專業雜誌的龍頭地位。一九六七年搬到紐約，成為極簡與觀念藝術辯論的論壇所在。一九七四年十一月，《藝術論壇》鬧了一件轟動藝術界與新聞界的「出走」事件，內部若干編輯反對刊登一頁女性主義藝術家琳達・班格里斯（Lynda Benglis）的裸體廣告。在那張廣告中，苗條的班格里斯一絲不掛，手中拿了一個巨大的陽具擺在下體。這幅廣告是衝著《藝術論壇》前一期的一個影像而來——藝術家羅勃・莫里斯（Robert Morris）在自畫像中裸露上身，但披掛鎖鍊，頭上戴著一頂納粹鋼盔。不滿求去的編輯群後來成立了一個沒有圖片的學術性刊物，並取名為《十月》，象徵其革命意義。

寇納買下雜誌後，英格莉・席斯奇（Ingrid Sischy）出任總編輯。在她主導下，《藝術論壇》探索高雅文化與通俗文化之間的關係、加強雜誌對紐約東村與蘇活區藝術活動的報導，同時也擴大對歐洲藝術，尤其是德國後現代繪畫的報導。期間《藝術論壇》改頭換面，造型改成磨脊膠裝。席斯奇一九八八年辭職，被延攬為《訪問》雜誌（Interview）的總編輯。她的接棒人伊達・潘尼奇利（Ida Panicelli）更進一步擴大國際採訪與報導。不過由於英語不是她的母語，一位圈內人說，《藝術論壇》的「可讀性」出了問題。一九九二年九月傑克・班考斯基（Jack Bankowsky）上任，他禮聘學者加入雜誌的撰稿陣容，也引進廣大與不同形式的報導與題材，擴大一般訴求。現任總編輯提姆・葛里芬（Tim Griffin）自二〇〇三年九月掌舵至今。

● 在主觀的藝術世界中保持客觀

顧里諾坐進桌後的旋轉椅後，在亂糟糟的辦公桌後對我說：「發行人什麼都需要操心。我的工作是提醒眾人做好該做的事，不形於顏色和不著痕跡；藍茲曼的廣告本領一流，我則是長於手腕的權謀高手。」他等我反應，然後又補充了一句：「我在這裡其實有如隱形人。」

顧里諾的辦公室讓人有象牙塔的感覺；三面有窗，透過這些窗戶，有的可以看見東河（East River）的動人景觀，有的則可將哈德遜河的風光盡收眼底。他跟寇納共用一間辦公室，兩人的辦公桌之間是所謂的「會議室」——一張圓桌與五張棕色的皮椅。顧里諾把他的無邊眼鏡放到額頭上，檢查一張跟本期出版有關的圖表，並說：「《藝術論壇》現在運作得十分順暢。」邊說邊將圖表撂到一邊，瀏覽一堆白色的信封。「這些是邀請我們到義大利杜林（Torino）莊園度假的邀請函，我可以過過別人的生活。」郵件檢查到一半，他又去檢查電腦，「我的信箱快塞爆了。我告訴你一件極為內部的事；葛里芬轉寄給我一封信，可是我不會過問編輯與撰稿人之間的事，那肯定難收拾。」

「我的任務之一是，讓作者感覺他們受到尊重與敬愛。我非常敬重作者的心血，也敬重編輯用心良苦地把作者的作品轉到雜誌的版面上。」《藝術論壇》的雜誌與網站發出的是極為廣泛的聲音，投稿人不見得彼此欣賞，若干女性堅持自己的文章一個字都不能改。顧里諾哀怨地說：「我跟很多作者都有關係，有時難免有經紀人應付明星那種不堪役使的感覺。」

《藝術論壇》的編輯部有十六人，大多數從長春藤盟校或同級的英國名校畢業，顧里諾說：「我們的編輯同仁水準用不著吹噓，指揮他們有點像照顧一群狼一樣。」編輯部的人大部分修習的是英美文學或寫作，而非藝術史。「我們是這些人選擇工作的第一志願，非常榮幸。這些年輕人來到這裡之後，我們設法留住他們。」

顧里諾在加入雜誌前跟一群行動藝術家一起工作，他是因為藝術世界中的各種角色而愛上藝術世界，至於當代藝術，他的評語是：「九五%不能當真。」顧里諾對藝術的質疑，似乎超過了一名參與製作藝術月刊發行者應有的口氣，他自己也說：「我就像一個了解宗教有益人心的無神論傳教士；如果信外星人那一套，其實是不能當上山達基（Scientology）的領導人的。」

《藝術論壇》有點像泰納獎，能夠登上它的封面，甚至能夠獲得雜誌的評論，都跟得到泰納獎提名一樣，對藝術家的創作生涯有著極大的影響。一如泰納獎依靠美術館的威望與評審團的聲譽，《藝術論壇》的影響力與其望重一方有關。顧里諾說：「各方根據事實堅信不疑的是，《藝術論壇》的封面故事不是花錢就能買到的。新的畫商對此最初的反應可能是有點生氣與沮喪，但最後總是會尊重我們的決定。我們一向在主觀的藝術世界中保持客觀，這就是我們能建立起聲譽的緣故。當然所謂的『客觀意見』本身就是矛盾的，但我們並未因此就不那麼做。」

● 有自己的觀點且必須誠實

顧里諾打開一支極細的「羽毛牌」（Quill）簽字筆，在一張新的《藝術論壇》採訪證上簽字，遞給我說：「拿著，不要辜負它的招牌，好好善用。」在磋商採訪《藝術論壇》的過程中，我意外得到為該雜誌網站自由撰稿的機會。參與似乎是唯一能夠觀察的方式。習慣了代表權力的編輯與發行人，對被人代表並不見得那麼熱情回應，但我得到的印象是，我若為他們寫稿，他們會同意我採訪。結果我發現《藝術論壇》的網路雜誌與印刷雜誌是分開的實體，內容也不同，因此光鮮亮麗的月刊——我的研究對象，我從未直接參與過它們的研究作業。

然而，我無法不去想塞爾的名言：「沒有衝突就沒有利益。」塞爾能能夠成為英國最有影響力的藝術批評家之一，原因之一是他能夠維持獨立的立場。他告訴我：「藝術批評家經常知道太多事。有些藝評家認為可以保持純正與超然，但我不知道這個目標是否真正達得到。我得知的每件事都是因為跟藝術家談過，但有時你可能收集了過多的私人資訊，因此我有一個要讓自己健忘的政策。」塞爾也曾經對「批評家」下過簡單乾脆的定義：「藝評家只是說出心中想法的旁觀者而已。如果我是一名藝術家，我做的事未引起談論，是否真是一件糟糕的事？藝術創作與其壽命是否不僅只靠直接的經驗，而且也靠謠言、討論、辯論與遐想激盪？」

《藝術論壇》的優良風評，無疑跟主要負責人寇納的不干預主義原則有關。寇納是英國一名銀行家的次子，中學念的是男性貴族寄宿學校哈洛（Harrow），畢業後他進入劍橋大學攻讀法律與經濟。六呎二吋高的寇納是一位紳士，穿的是深藍色西裝外套，談吐極為文雅。一天傍晚我在他的倫敦公寓訪問他，看到室內擺的全是稀世珍品，從中世紀到十九世紀不一而足。他說：「如果能夠避免利益衝突，感覺上更乾淨。首先，我不需要畫商的好處；我不想溜到密室中淌利益交換的混水，也不需要把掛在我牆上的藝術品，跟會登在我雜誌封面上的作品混為一談。」他給我倒了一杯香檳，並端出杏仁招待，繼續說：「第二，我長大的社會幾乎不承認二十世紀的存在。我開始經營《藝術論壇》時，我是新手，可能我買的作品全都是錯的。但對我和雜誌而言，能以新鮮的眼光來看一切，以及我未成為任何特殊藝術運動或趨勢的代言人，都是非常好的事。」

我問寇納辦一份好雜誌要具備什麼條件，他堅定地回答：「最基本的是你不能追隨市場，也不能想要去積極地影響市場；必須有自己的觀點，且必須誠實。有了這些，在寫作上還要力求清晰、設計上保持純淨。」寇納若有所思地注視掛在壁爐上的兩幅十五世紀佛蘭芒（Flemish）時期的畫像，他說：「我們自認是記錄當代藝術的雜誌，要花很多時間查證，確定對每件作品的層次與材料有正確的掌握。」我提到若干報紙的藝評不滿藝術雜誌依靠畫廊的廣告，也極少刊登負面文字時，寇納仍不慍不火地說：「我們不用靠負面報導就能建立威信。對我們不刊登的東西，所散發出的訊息也極為清楚。」事實上，《藝術論壇》刊登批判美術館重要展覽與雙年展的文章遠近皆知。寇納對雜誌感到驕傲，但他絕不自滿。我離開他公寓時，他告訴我一個老笑話說：「如果你的桂冠是枕在頭下，那你就戴錯了地方。」

一個不同貨物存放的場所

上午十點。編輯部位於十九樓西側，廣告部位於同層的東側，兩個部門中間是製作部門。副總編輯傑夫・吉布森（Jeff Gibson）正在四度檢查一篇特稿，不容有任何差池。低沉的音樂與正山小種紅茶香味，在吉布森狹小卻井然有序的辦公室內迴旋。他把自己的工作比喻成交通警察，要在八十到一百名撰稿人的文章中維持一定的和諧。在加入《藝術論壇》之前，他曾與人共同主編一份叫做《藝術與文本》（Art&Text）的雜誌，並曾經寫了一本叫做《藝痴》（Dupe）的字典，指出藝術家與藝評家的共同毛病；對藝評家，他下的定義是「精神分裂的鑑賞人」，「因為競爭性的嫉妒驅使，在不同的評定標準之間瘋狂擺盪」，並指他們是「副業性的全知」，「高度的啟發感毫無經驗根據」。

再過去幾間，是資深主編伊莉莎白·夏貝藍（Elizabeth Schambelan）的辦公室，她正在修訂另外一位「外籍人士匆匆趕出來」的一篇文章，她已經痛苦地與這名作者打過多次交道，因此她決心再花一個早上做些編修的工作。加入《藝術論壇》前，夏貝藍曾在出版公司「蛇尾」（Serpent's Tail）與葛洛夫／大西洋（Grove Atlantic）擔任助理編輯。她說：「我一直建議出版的書沒人願意出，我的點子完全沒有商業頭腦。」她認為所謂寫作落後繪畫五十年的名言，多少有若干道理。她解釋：「我厭倦了閱讀充滿陽剛性敘述文字的海明威風小說，而當代藝術似乎比當代小說更願意冒險。」她指著一篇印表機列印出來的文章，彷彿在說她非常怕閱讀。我問她，那麼《藝術論壇》出版的作品呢？它們依據什麼傳統？她回答：「我真的不認為我們有什麼硬性規範。」根據字源學，「雜誌」是一個不同貨物存放的場所，「《藝術論壇》容納不同的聲音，我們的作家當中有些非常學術性，非常受理論驅動，但也有些具備文學或新聞背景」。

在副總編輯與資深主編的辦公室之間，有一寬敞的角落，當中坐的是三十六歲的總編輯葛里芬。他的皮質長沙發、扶手椅與書桌上，是成堆的書籍、雜誌與包裝，地上放著一個ＤＶＤ播放器，上面是一台電視，旁邊則有更多的書刊。他的書桌上放著鍵盤與電腦，兩者之間則有一罐可樂和一個紐約莎士比亞藝術節的藍色馬克杯。葛里芬有美國巴德學院（Bard College）的美術碩士學位，由於他主修詩詞，葛里芬投效美術雜誌，是追隨查爾斯・波特萊爾（Charles Baudelaire）與法蘭克・奧哈拉（Frank O'Hara）等名家的傳統，由詩藝創作轉向藝術批評。我進入他的辦公室後，他對我說：「妳隨便坐。我把東西挪一挪，這樣我們可以看到彼此的臉孔。」

● 在其中進行知性的對話

葛里芬一身黑色服裝，童山濯濯，神情嚴肅，予人一種飽經風霜，半時髦、半怪胎牧師的感覺。他坐得筆直，兩手放在大腿上。自二〇〇三年十月擔任《藝術論壇》的總編輯後，一般風評是它比以前嚴肅。他對我說：「藝術是知性、心靈與哲學的行為。」今天早上離家前，葛里芬曾經打了兩通電話到歐洲，從他位於哈林區的家中搭地鐵到辦公室途中，他閱讀了雜誌若干校稿。他到達辦公室後，看了封面，確定當期的重要文章已經送到、確定「不會有漏洞與緊急狀況」。他忙著當期刊物出版的收尾工作，這也是他每月必經的煎熬，不斷在文字上絞腦汁。我因此就直截了當地展開訪問：當一個好的總編需要具備什麼條件？

「必須樂於交換意見，必須傾聽各方聲音，對所有派系都敞開心胸，但同時也要運用自己的判斷力。」他引用肯尼・羅傑斯（Kenny Rogers）一首歌曲中的歌詞說，「要知道自己手上有什麼牌，什麼時候蓋牌叫停」，他補充說：「理想狀況是，今日藝術的種種都由《藝術論壇》來報導。」言論版表達的是批判，廣告版傳達的則是市場文字，他認為：「如果你不能在一份藝術雜誌中進行知性的對話，那辦這本雜誌是為了什麼？」

我再問：「你會怎麼形容《藝術論壇》的影響力？」

他熱切地回答：「我自己也在考慮這個問題。外界有一種說法是，曾經有一度是藝評家引導畫商引導收藏家，而如今則是收藏家引導畫商引導藝評家。當然傻瓜才會說藝術世界的景觀還跟從前一樣、完全未變，但我們仍然在設法推動討論的方向，至少也要提供一個視角。」《藝術論壇》的報導內容著重在舉辦展覽的藝術家，因此似乎可以對畫廊篩選與分類，不過藝術家也經常在受到藝評的肯定後，選擇其他城市的畫商；與其說各個角色都是線性影響力的一環，不如說每一角色都舉足輕重，對共識的凝聚與搖擺都有影響力。

「你怎麼形容跟畫商之間的關係？」

葛里芬聳聳肩說：「你或許會以為畫商有納稅人的敏感心態，有那種『我付你薪水，因此最好讓我看見利益』的心理，但一直到目前為止，他們都很大度。我想每個人都體認到，如果我們不能提供有意義的對談，其餘就什麼都不用談了。」他啜了一口咖啡，然後把手放回大腿上，繼續說：「在我掌舵期間，我不希望有人把我跟若干藝術家的崛起扯上關係，我比較希望人看見語言使用上的轉變——看見藝術的討論顯現重大轉變，以及看見藝術論壇對它的注意。」葛里芬痛恨任何矮化藝術的事，這也是他為何譴責《藝術論壇》網站（artforum.com）的網路日誌「景與群」（Scene & Herd），他十分不屑地說：「它只是反映藝術世界的名流動態與創造故步自封的小圈圈。」彷彿在責怪我為點閱率甚高的那一部分《藝術論壇》寫作，是在妓院中出賣自己。

建築內突然響起警報聲。葛里芬注視著車外，但仍安坐不動。顯然警報有時一天會響上好幾次。葛里芬桌上擺著一個諾頓家族基金會（Norton Family Foundation）送的聖誕禮物：藝術家克里欽・馬克雷（Christian Marclay）創作的音樂盒。盒子上寫的是「靜默」，打開來則是「傾聽」二字。顯然警報聲可以不用理會，我繼續問：「你上次遭遇利益衝突是什麼時候？」

「一定是不久之前。不過，如果你支持一位名過其實的藝術家，或是過度渲染，你其實是趕走了讀者，也傷害了自己的信譽。」如果葛里芬對一位藝術家有信心，他是全力支持，但如果沒有信心，他……，「有些藝術我們基本上不碰，我完全不明白它為什麼會銷售或人為什麼會喜歡。」警報終於停止，他看起來鬆了口氣。

葛里芬的視線掃到螢幕上，我問：「你有時間回答我另一個問題嗎？」

「好，說吧，之後我可能就要工作了。」

藝術批評的功能有許多比喻，例如「藝術批評之於藝術家，就像鳥類學家之於鳥類」，或是「藝術批評是狗尾巴指揮狗行動」之類，你對藝評所扮演的角色是那種比喻？

葛里芬看著擋住西向視線的百葉窗，然後又看了看辦公桌書堆上的蔻莉兒．薛爾（Collier Schorr）的目錄，終於說：「藝評家是偵探，東看西看的結果是要找出東西的意義。」

嗯，那麼藝評家有一雙私家偵探的眼睛囉？我問他：「這是否表示藝術家是兇殺案的受害人，而作品就是他們的證據？我不願意把你想成是在調查保險詐欺案。」

「這完全看你怎麼賦予它存在的意義；證據未必一定在畫裡，畫也未必一定是證據，你必須自己去判斷什麼是線索。也許就像約翰．休斯頓（John Huston）所導演的黑色經典作品《梟巢喋血戰》（The Maltese Falcon），沒有不能解的犯罪案。生活必須從周遭事物中創造出意義，藝術批評跟這個有關，並且必須提供藝術一個可以發出回響的空間。」葛里芬又啜了一口咖啡，然後補充說：「我最喜歡的偵探是，羅勃．阿特曼（Robert Altman）的電影《漫長的告別》（The Long Goodbye）中的馬羅。」這部電影意外迭起，馬羅在最後一幕殺死了想以裝死逃過殺妻罪的朋友。

葛里芬其實非常清楚《藝術論壇》的知性傳承，對其在商業經營上如此成功與地位隆崇不是那麼自在，我起身準備離去時，他叮囑我說：「千萬不要把我寫成一個推銷牙膏的反文化者。」

● 藝術批評就像表演單口相聲

不久前，我也曾向另一名詩人兼藝評家請益。彼得．薛爾德（Peter Schjeldahl）是《紐約客》（The New Yorker）的藝評主筆。我們在他位於東村（East Village）的公寓中一同喝咖啡，環室之內都是他在自由撰稿時代藝術家朋友贈予的藝術作品。他告訴我他是大學退學生，當時他「沒有耐心，也沒有生活紀律，又是服用禁藥的自戀狂。那是六〇年代早期，好像大家都這樣做，沒有什麼不正常」。當時詩作經常融入藝術世界。他說：「所有的詩人都為《藝術新聞》（ArtNews）寫稿，我逐漸發現好像有收入的工作中我這個做得最好。」

對薛爾德來說，藝術批評的目的是讓人有東西可讀，他認為藝術批評也是一種藝術形式，像「表演單口相聲」，而不是一種形而上的事情。他解釋：「偉大的藝評家是任何文明能夠得到的最後一件東西。我們從房子開始，然後加了街燈、加油站、超市、藝術中心與美術館，最後才是藝術批評。」然而，「我們無法在聖路易找到一位好的藝評家。要做好的藝評人，你必須每個禮拜得得罪一些人，又不致失去所有的朋友。在美國，只有在洛杉磯與紐約才辦得到，否則的話要不斷地搬家。」

葛里芬編輯的是歐洲文化理論學家的「特寫系列報導」，而且用起術語來毫不畏首畏尾，薛爾德走的則是民粹主義路線，他不滿專業的知識份子自以為是科學家，渴望取得某種客觀的知識。不過他也稍感安慰地說，壞的寫作自身就是一種懲罰措施，除了少數不得不讀的人以外，沒有人願意讀它。有時他也會對藝評家滿嘴人聽不懂的術語幽默對待，他說：「你聽見兩名汽車修理工人談話，對他們說的半點概念都沒有。詩裡面也有一般人理解力無法穿透的語句，為什麼藝術批評不能這樣？」

對當代藝術作品，薛爾德常常感覺到「似曾相識」，因此從中得到的樂趣也比以前少了。他說：「藝術有著不同的時代性，而《藝術論壇》是一個認同年輕人的雜誌。它的角色是向新起的一代拿著一個兩面鏡，藝術家固然可以看見自己，我們也能從另外一面看見他們。」許多《藝術論壇》的撰稿人不是年輕人就是學術界的人，他們想爭取到名聲，生活還是其次。薛爾德說：「那些為了《藝術論壇》付給的區區稿費而寫的人，是為了榮耀而寫，但他會發現，到一定程度時，榮耀里程錶向你微笑了，但自己也快餓死了。」

因為藝術批評的微薄酬勞，藝評家的個人興趣與社會關係，很容易就會凌駕在他們的專業義務之上。薛爾德也有同感：「這是一種衝突；我真的很喜歡藝術家，但我發現自己已不是他們的朋友了，我不能再接受他們相贈的作品。」一九八〇年代時，一名在雀兒喜有畫廊的畫商曾經想要聘請薛爾德，「她願意出很多錢，我告訴她，妳不明白的是，我接受妳支票的那一刻，妳要得到的我所有價值也全都煙消雲散了。後來她打電話來說：『我知道你不願意接受錢，我也不會要你接受錢。可是我要告訴你我打算怎麼做，我可以負擔你女兒的教育費。』薛爾德笑著說：「還有一次她對我說：『再講一遍你的工作道德觀。』」在《紐約客》，評論家地位被形容為「高高在上，我每天都樂飄飄的」。薛爾德對自己自律甚嚴，他說：「我的原則之一是，讀者絕對要知道我在整個局勢中的利益。如果我的意見中有某種偏向，而我卻未在文章中說清楚，那我便是像扒手一樣在偷他們口袋中的錢。」

掌握六萬份銷路的生產部門

葛里芬辦公室外，電腦鍵盤與大型印表機的聲音蓋住了日光燈的聲音。我經過一排方格子辦公間，每個人都埋首在一盞萬向燈下檢查要刊出的文章。葛里芬的助理是一名儀表出眾的二十五歲青年，他的桌下有一本《浮華世界》（Vanity Fair），他旁邊坐的是一位藝術史碩士，穿著老式的皮毛外套在校對稿件。他們旁邊是兩名助編，其中一人有哈佛大學的學歷，她的工作服是高跟鞋與耳機，另外一人有牛津大學的學位，是少數會把衣服掛在衣架上的人。

與這排辦公室呈垂直的是一道走廊，它的功能是「圖書室」兼「廚房」；一邊從地板到天花板都堆滿了書，另外一邊則有一個不太乾淨的水槽、半個冰箱與一台微波爐。兩名廣告部門的女士與一名編輯站在冷飲機旁，等待水沸騰。我再經過一張布滿手指印的歐洲地圖及一系列貼在牆上的黃色便條紙，上面全是藍茲曼用紅筆寫的字跡，指示最後離開的員工要把門鎖好與打掃乾淨。我轉過一個角落，發現我又回到進門的地方。負責櫃台業務的人已經不是活潑的女孩，而是一個有點像黑幫的男性藝術家，正在用單調與鬱悶的聲音接電話。我經過一個全是女生的空間，廣告、發行與會計業務均由她們負責。《藝術論壇》約有六萬份銷路，大約一半是訂戶，另一半則為零售。六〇%的發行量留在北美，另外三五%運到國外，主要是歐洲國家。雖然《藝術新聞》與《美國藝術》（Art in America）的發行量都比《藝術論壇》高，但前二者的專業閱讀率不及《藝術論壇》，也因此後者才成為藝術世界的龍頭。顧里諾含笑地說：「我們不認為每個人都是競爭對手。我們是《藝術論壇》，而他們不是。」藍茲曼則說：「我們注意英國藝術雜誌《弗列茲》（Frieze）的動態[1]，他們做得不錯，但我們認為我們更好。」

會計部之後是一個密閉的空間，這裡也是《書籍論壇》總編輯艾瑞克．班克斯（Eric Banks）的辦公室。辦公室的門上貼了一張明信片，上面宣告「藝術止步」。他的辦公桌上規規矩矩地放著一大疊新聞通稿，但辦公室內卻空無一人。我感覺一陣冷風吹來，決心跨過門檻調查一番。我聽見班克斯用他的南方腔說：「我在陽台。」他是個老菸槍，跑到陽台去抽菸。他邊指著遠方的帝國大廈邊對我說：「你看我的沃荷風窗景是不是美得迷人？」班克斯在出掌雙月刊《書籍論壇》前，曾經在《藝術論壇》工作八年，他說，《書籍論壇》是一本文學評論性刊物，為「有知性好奇，但非蛋頭學者而編。我不會形容我們

1 —《弗列茲》是一本國際性的藝術雜誌，於一九九一年創刊，一年刊出八期。自二〇〇三年以來，《弗列茲》的老闆阿曼達．夏普（Amanda Sharp）與馬修．史洛托佛（Matthew Slotover）也主辦弗列茲藝術博覽會。

的讀者『時髦』，但他們絕對是年輕而聰明的一群」。我在一個油漆已經開始剝落的暖器上坐下，立刻被班克斯對《藝術論壇》深刻的心理動態分析迷住。「家族結構有好處，但有時也不見得。有時它感覺像《脫線家族》（The Brady Bunch）裡的成員，但有時更像恐怖兇殺電影《梅森家族》（The Manson family）。梅森家族一直都是我最喜歡的殺人犯。」

我的手機這時響起。「莎拉，妳在哪裡？」

● 每則廣告就像魔術方塊當中的一小塊

藍茲曼在離班克斯辦公桌英呎遠的地方出現。他有著一雙澄澈的眼睛，身材短小精幹。穿著大紅西裝的藍茲曼讓人聯想起不少童話中的人物，例如隨時準備好對木偶皮諾丘（Pinocchio）發出忠告的小蟋蟀（Jiminy Cricket），或是現代版莎士比亞戲劇《仲夏夜之夢》（A Midsummer Night's Dream）的淘氣鬼「帕克」（Puck）。藍茲曼的長相穿著讓人側目，談話卻充滿了自我調侃。他告訴我：「我早就已經把自我交給了《藝術論壇》。其實在這裡工作的每個人都是如此。在這裡，你的名字不會成為聚光焦點，但是在這裡工作會讓你更有尊嚴。」《藝術論壇》多半的收益是他跟廣告部主任丹妮爾・麥唐納（Danielle McConnell）和廣告部同仁所帶來。過去兩年由於藝術市場的蓬勃，《藝術論壇》雜誌變得厚得跟電話簿一樣，人給它起了一個綽號叫《廣告論壇》。藍茲曼說：「我把自己視為地勤人員，負責替飛機加油與讓飛機待命，好讓編輯與撰稿人隨時可以飛到他們想要去的地方。」

「隨我來。」不喜歡在任何地方逗留太久的藍茲曼對我下令。我尾隨他走到顧里諾的辦公室。辦公室中央的圓桌上是一個《藝術論壇》的實體樣品版模，一一標出當月的廣告商所在。正在研究實體版模的顧里諾聽見我們進來，抬起頭來說：「藍茲曼，我們搞不懂為什麼美術館專頁的一開始，放的是這個奇怪又俗氣的東西？為什麼擺的不是漂亮或有力量的東西？」

「換掉它。」藍茲曼回答：「因為我不希望從瑞士巴塞爾的舒拉格美術館（Schaulager）開始，我要它們的位置靠近紐約現代美術館。」顧里諾向我解釋說：「紐約現代美術館總是社論前的最後一則廣告。這樣等於昭告廣告商『你是在紐約現代美術館前面，因此閉嘴不要抱怨了。』」當畫商打開最新一期的《藝術論壇》時，所做的第一件事就是看自家的廣告在哪裡出現、位置重不重要。畫廊出的價格高，可以讓它們登在雜誌最前面的三〇％。不過顧里諾說：「你出得起價錢並不保證你一定上得了我們的版面。為了維持《藝術論壇》的身分價值，我們要確定只有夠資格的人才能在那裡跟大家見面。」若干廣告位置經常是固定的：古德曼畫廊（Marian Goodman）總是與目錄跨頁相對，高古軒畫廊靠近報導專頁，而廣告一向使用瑞士照片的畢尚柏格畫廊（Bruno Bischofberger），自一九八〇年以來總是在每一期的封底出現，其他的廣告欄位或頁碼則每月不同。

藍茲曼解釋說：「它就像魔術方塊，每則廣告都有一個故事。巴塞爾藝博會的廣告不能跟沒有在其中設攤的畫廊廣告並列；大畫廊可以付跨頁廣告費控制誰可以在它旁邊出現，可是要讓雜誌整體看起來美觀出色，卻控制在《藝術論壇》手中。」

顧里諾說：「即使在實版大樣的最後，你看到的還是美觀的廣告。不過如果我是在《藝術論壇》登廣告的畫廊，我會提出最安靜、最高雅與最柔和的廣告，因為我知道我可以因此而為自己找到一個好的頁面；我若展現自制，必會受到尊重。」

幾年前，《藝術論壇》曾因為要不要登一則時尚廣告，而經歷了一次身分危機。最後該雜誌決定接受那則廣告，但只給予左頁地位。當時他們不認為珠寶是「正確的標記」，但在寶格麗成為《藝術論壇》網站的主要贊助者後，他們最後還是承認了。

對講機響了一聲。「藍茲曼？」

「是的。」

「B畫廊的史蒂芬在一線。」

「好的，我在這裡接。」藍茲曼對著電話說：「嗯……好的，我會跟我的畫展評論編輯麥克・威爾森（Mike Wilson）提一下，看他是不是能親自去看一下。是的，它的確是一個特別的展覽。展到什麼時候？我一定會盯他這件事。你可以在論壇中查到他的名字，他是我們的畫展評論主編。一切決定都由他來做。好的，好極了。」

藍茲曼掛上電話說：「我總是會接到這樣的電話，人要我們幫忙替他們的展覽宣傳。我們不介入編輯過程。如果你問公司裡的任何一位畫展評論編輯，為什麼你要評論這個在倫敦、柏林或是紐約的展覽？他們會告訴你因為他們想要那麼做。你看文章時，可以感覺到某人寫這篇文章時投入了智慧與感情。」

● 封面對藝術家有著認可效應

封面是對一位藝術家的作品最大的肯定，也是發行人唯一能夠對編輯部踩線的地方。每個月（更精確地說是每年十次），《藝術論壇》的美編主任會提出三、四款封面，供編輯與發行人考慮。藍茲曼喜歡商業性的封面，他說，因為這樣「有助於報攤的銷售，少女畫面或飛機升空都不錯。總之，不能把一堆土搬上封面，雖然我們這樣做過」。相反地，葛里芬說：「我對報攤是一點都不操心。封面是期刊的入口，是代表與釋義性質。在理想情況下，期刊內所有的報導與面向都應該濃縮在這個封面影像上。我們希望能夠在不背叛藝術家的情況下達到這個目的；它有時是某期刊物的標幟，卻不是藝術家作品的代表，因此我們的哲學是有取也有捨。」

《藝術論壇》的美術主編約瑟夫．羅根（Joseph Logan）來論壇前在法國的《時尚》雜誌（Vogue）工作。他的辦公室在葛里芬辦公室隔壁，在他充滿極簡風的辦公室中，有若干極薄、大多數沒有廣告的六〇年代《藝術論壇》，美術設計由洛杉磯的魯夏負責。對羅根來說，什麼藝術能夠登上封面的決定因素，可以用一個問題來說明：它能不能放進一個方塊裡？他說：「方塊模式很好，因為它既不偏袒水平，也不偏袒垂直影像，但它有可能成為一場惡夢。出於對藝術的尊重，我不能加以裁剪，因為每一次的封面複製，理論上都應該跟它掛起來的樣子一樣。」自二〇〇四年加入《藝術論壇》後，羅根把《藝術論壇》的徽幟變小了，因為「小郵票不會干預影像」。他解釋說：「我們放在封面的藝術不是我們的聲音，但每當我們把《藝術論壇》的徽幟放在一件作品上時，那件作品就不再是藝術家自己的作品了。」《藝術論壇》封面的認可效應有多大，端看它在那位藝術家生涯的哪一階段出現。羅根說：「我們時不時就會冒險把封面留給年輕的藝術家。」羅根與主編們不會坐下來討論一位藝術家的藝術壽命，但他們也不會把珍貴的封面留給他們認為沒有一點耐久力的人。

近年來《藝術論壇》最常被人談起的封面之一是，五十五歲的「藝術家中的藝術家」克里斯多福·威廉斯（Christopher Williams）的「雙連照」。那一期的《藝術論壇》刊登了「雙重奏封面」：封面上一幀是一位頭髮用黃色大毛巾包住、笑容初綻的棕髮美女照片，另一幀是同一位露出一口白牙甜笑的女郎照片，上下並列。這是羅根最滿意的作品之一，他說：「這幅作品利用了廣告與攝影的語言。雖然照片中的女郎未穿衣打扮或多做處理，但它讓人想起時尚雜誌。在《時尚》工作時，我們會替美女消除所有皺紋與青筋。」

威廉斯看到自己的作品在德州報攤、巴黎畫廊的洗手間或維也納的看板出現，感覺很奇怪，我在巴塞爾藝博會的戶外啤酒聚會中碰到他時，他對我說：「所有的藝術家都會經驗循環利用的過程。照片在《藝術論壇》出現前，我感覺到有事有發生，但真的登出後，的確帶來很大的改變。突然之間收藏家與美術館的人都對我另眼相看。」威廉斯特別感激《藝術論壇》兩幀照片同時上了封面。「我很多作品都是雙影像與小差別，例如她的微笑。收藏家與美術館體認到這一點；我的作品不僅是被『呈現』，更是透過《藝術論壇》表達了一個重要觀點。」

討論過封面後，我又問威廉斯他平常是怎麼看《藝術論壇》的，他說：「即使我十點才回到家，電視開著，我還是會打開雜誌來看，把所有的廣告看完，就好像是有圖的看板，我經常根據《藝術論壇》調整自己的旅行計畫，好有時間去看一場展覽。第二天早上，我也可能很快地瀏覽所有的畫展評論，好彌補自己錯過的畫展，並反思大眾是如何接受一些展覽。如果朋友的展出未受好評，我會打電話去安慰他們，說評論的人沒眼光。如果展出的風評很好，我會打去說『真是太好了』。至於專欄與特寫部分我比較挑剔。我一定會讀新秀藝術家的介紹、『最佳十大』，尤其是對音樂的建議。我也很願意讀艱澀的東西。如果文稿是我喜歡的作家所寫，即使寫的是我不喜歡的藝術家，我也會想讀。」

• 藝術與市場密不可分

《藝術論壇》的宣傳力量，不是所有的供稿人都百分之百贊同。幾個月前我碰到知名的自由撰稿作家朗達．李柏曼（Rhonda Lieberman），就是其中之一。她自一九八九年以來就為《藝術論壇》寫稿，二〇〇三年起且在《藝術論壇》內頁的編採陣容群中以撰稿主編掛名。儘管她的文章中經常口氣很嚴肅，本人卻很瘦，打扮也很入時。她對我說：「在藝術世界中，藝評家有如地位被提高的推銷員。你寫特寫時，不管內容是什麼，投稿與刊登的地方都是一本超級光鮮的說明與推銷簡介，而當你在評論中擊節稱賞時，做的也不過就是為人美言的公關新聞工作。如果你覺得這樣並無不可，你從事的不是交易，是什麼？」李柏曼認為在一定的情境脈絡中才有誠實的評論可言，她搖著手指說：「我不能不注意市場。許多藝術家都注意市場，而且跟隨市場的脈動，作家也不能把頭埋在沙中。在《藝術論壇》亮麗的高級市場外貌底下，有數不清的吹牛大王，高明地利用理論來高抬藝術，且把藝術與市場分開。」李柏曼並認為寫作姿態與口氣愈高，寫作內容就愈能有效地合理化，她的結論是：「好像我們對這些作家各種了不起的觀念應該照單全收，並想辦法傳達這些藝術品是購物狂眼中的若干藝術珍寶。這種一手故意遺漏、一手刻意壓抑的作法，如果你仔細想想，會讓你目瞪口呆。」

《藝術論壇》經常受到幾方面的攻擊，顧里諾解釋：「人對《藝術論壇》有兩種感覺。那些自認為未受到賞識的藝術家、那些欠我們太多錢的畫商，以及那些從未受邀替我們寫評論的藝評家都討厭我們；許多收藏家雖然訂我們的雜誌，卻抱怨看不懂。」寇納遺憾總編輯總是不斷被檢討，他說：「從有趣的一面來看，《藝術論壇》是一個既得利益與權威機構，很多人想把它拉下來。」我問他是藝術世界的哪一部分對他們的叫囂最兇，他回答：「學術界，毫無疑問。」

與藝術史世界保持策略關係

下午兩點，我離開《藝術論壇》的辦公室，前往中城區的希爾頓酒店。今天有六千名藝術史專家與藝術學者要在這裡開大學藝術協會（College Art Association, CAA）年會。我趁會議舉行之便，跟兩名藝術史學者約好了要訪問他們，以加強我對《藝術論壇》的了解。希爾頓裡面除了花俏的大片地毯外，什麼藝術裝置都沒有。穿著「香蕉共和國」（Banana Republic）款式和設計師品牌二線產品的藝術史學者將室內擠得滿滿的，有人忙著改善自己的地位，有的在招攬新人，有的則想爭取出版合約。有的人獨自與人寒暄好建立交情，有的則帶著學生在廳堂裡走動。

大學藝術協會有點像藝術博覽會。它是一個市場，不過推銷人是歷史學者自己，前者的經濟規模更不能與後者相提並論；購買一名評價中等的德國攝影家作品，所花的錢，收藏家可以用來聘請一位有學問的藝術史學者一整年。跟許多博覽會一樣，這項會議愈來愈把重點放在新藝術上。以往博士論文都以起碼已經有三十年歷史的藝術為題目，如今六個月前還沒聽過的藝術家，也會在大學藝術協會會議中被當作「歷史」一樣拿來討論。

我搭電梯上到酒店的頂樓，準備在這裡與藝術史學者兼《藝術論壇》投稿人湯瑪斯・克勞（Thomas Crow）會晤。他剛從一個事業的顛峰到另一個巔峰；他做了七年的蓋提研究院（Getty Research Institute）院長，現在是紐約大學美術研究所所長。克勞也是短小精幹型，高高的額頭上是一頭黑髮，鬍子卻是灰色的。他出版了許多有關十八世紀、現代與當代的藝術，均受到好評。克勞認為，《藝術論壇》的力量在於它擁抱歷史：「他們幾乎每一期都有一篇跟歷史有關的重要文章。」當克勞自己替《藝術論壇》撰稿時，寫作手法跟態度與他替學術性刊物撰文沒有兩樣，他邊啜飲咖啡，邊對我解釋說：「純粹是看你必須怎樣壓縮的問題。《藝術論壇》的文章都比較短，你毫無進一步發揮的餘裕，而且得加上很多引起讀者興趣的角度。不過我給他們寫文章，並不會放鬆我的自我要求，《藝術論壇》也從來沒有要求我，為了讓人人都看得懂我的文章，而特別去譁眾取寵或避重就輕。」

克勞也認為，《藝術論壇》跟藝術史世界保持策略關係，可能是它凌駕其他藝術雜誌的原因之一，「《藝術論壇》像一個最強的運動團隊，總是能找到贏的方式。就像紐約的洋基隊或是曼徹斯特聯合隊，他們總是在球場的重要比賽中出現，而且未來也是如此；你覺得他們一定能夠持盈保泰。」所有的當代藝術雜誌都著眼於長遠，不短視，《藝術論壇》卻明明白白地宣誓他們的政策，葛里芬告訴過我：「我們推出藝術史話題時，我要讓它看起來有當代的感覺，而我們介紹當代藝術作品時，我要它能夠在藝術史上有地位。」這種政策結果可能就是高水準刊物的誕生，並給「最高水平藝術作品（克勞的形容詞）」一個在《藝術論壇》中妥善呈現的機會，換句話說，這些藝術注定會在藝術史上留下一筆。

● 藝術史學者把持了小小角落

克勞並不以「藝評家」自視，也不願意採取那種自以為什麼都知道的高調寫作風格。他說：「我只是設法讓自己走出原文，只要形容得傳神，文章就成功了一半。如果材料夠鮮活，根本不用在文章中讓自己的聲音有太多的流露，因為這只是反映你早期的經驗或是自己複雜的思維。」克勞看了看會議的活動日間表，補充了一句：「我不喜歡搞人物的膜拜，個人崇拜會妨礙你觀察與學習。文章的素材應該在最先讓人看見，讓它展現份量。」

克勞起身去自助咖啡機添咖啡，我左邊的兩位女士正愉快地談著，早期義大利文藝復興時期祭壇上使用的青金石；右邊的一位男士在對聽得全神貫注的朋友說到，顯然是跟聘用、解雇與性騷擾的事情。

克勞回來時，我請他再談一談「自制」這個話題。「許多藝術家，例如昆斯、莫瑞吉歐．

卡特蘭（Maurizio Catalan）、赫斯特與艾敏等人目前紅得發紫，世人的確對他們有個人崇拜的現象，也十分受其吸引，但藝評家跟他所寫的人物之間必須有一個距離，好讓自己的下筆所敘，不只是對自己要解析的現象發出回音而已。」雖然藝術史學者的使命是判斷所處時代的藝術作品價值，克勞認為「用嚴格的態度去做極端的判斷，其實是有點違背使命」。對固定寫稿的專欄作家來說，讀者期待一定的口味，他們與作者有某種固定的關係，希望自己的想法受到肯定或指正。「然而真正的藝術史學者，不會因為某些藝術對個人有吸引力，就決定這段藝術史是好的。真正的藝術史學者不會這樣做。」就是為了這個原因，克勞對四名藝術史權威哈爾．佛斯特（Hal Foster）、羅莎蘭．克勞斯（Rosalind Krauss）、伊夫—亞蘭．柏爾（Yve-Alain Bois）與班哲明．布克羅（Benjamin Buchloh）的合著《二十世紀後的藝術》（Art Since 1900）非常不滿，他說：「例如在有關加州藝術家那一章，艾德．金霍茲（Ed Kienholz）被刻劃成很糟糕的藝術家，學生讀了後可能會產生很大的困擾，以後可能再也不看金霍茲的作品。就這點而言，這本教科書完全是反效果的。」

我向克勞道謝後，擠進站滿了人的電梯，下到大廳的咖啡廳，訪問年輕的藝術史學者湯姆．麥唐諾（Tom McDonough）。麥唐諾在賓漢頓大學（Binghamton University）教書，並為《美國藝術》寫稿，也出過一本跟戰後法國「競爭的語言」話題有關的書籍。我們排隊買飲料時，這位高大、皮膚白皙的教授為《藝術論壇》的艱澀語言辯護，他誠懇地表示：「解析複雜的概念要用複雜的語言，因此用那麼多拗口的詞彙是有理由的。另外，我們——包括我自己，也在表現自己的能耐；我們因為使用特定的語言而把我們這一群人視為一個同儕團體；我們的語言有時像密碼語言，是一個特別團體的記號。」

麥唐諾相信曾經有那麼一段時間，人相信批評的角色與功能是在推進文化，但「現在，顯然它不是在推進文化，而是在找到一群對象你可以向他們宣傳。藝術批評家宣傳某一藝術創作，不是因為它是一件最重要的作品，也不是因為這個作品讓他們感到心中有話要說，且不吐不快，而是因為這是一個他們可以把持的小小角落。」他停了一會兒又補充說：「我這樣說不是因為我還沒有找到自己的『角落』，或為之全力以赴；我自己也還在追逐終身教職的圈子當中。」

然而，麥唐諾對《藝術論壇》「安於可預期的模式」感到失望，也譴責《藝術論壇》製作「十大」名單的快速與「舊預告」的循環使用（一年三次，二月因需刊登即將展出的展覽消息而不登）。但在麥唐諾眼中，《藝術論壇》最糟糕的地方是，未提供「爭議性話題、沒有真正的辯論。在這個安逸的世界中，基本上人人意見相同，讓意見得以公開討論的『論壇』功能，完全不見了」。《藝術論壇》雖然刻意要廣納百家意見，但依靠的的確是一小批史學家與藝評家。認為《藝術論壇》辯論狹窄與以精英自限的不只麥唐諾一人。

●藝評要能經得起時間考驗

下午五點三十分，與麥唐諾分手、正穿過到處都是學者的大廳時，我與專欄作家傑利・薩茲（Jerry Saltz）不期而遇。薩茲正要去在希爾頓舞池舉行的ＣＡＡ頒獎典禮，他在《村聲》雜誌（Village Voice）撰寫的專欄得到邁德美術評論獎（Frank Jewett Mather）。邁德美術評論獎有如藝術史領域中的奧斯卡獎，不容小覷。薩茲也兩次入圍新聞報導與文學領域最高榮譽的普立茲獎（Pulitzer Prize），他告訴我說：「邁德美術評論獎這個高度的榮譽，葛林柏、羅森伯與史密斯這些巨頭，還有一些其他的笨蛋都得過。」葛林柏指的是堅持學術教條的克里門・葛林柏（Clement Greenberg）、他的意識型態死對頭哈洛德・羅森伯（Harold Rosenberg），以及薩茲在《紐約時報》擔任藝術評論的妻子蘿貝塔・史密斯（Roberta Smith）。

在當代藝術這個狹小的世界中，有一個非常令人開眼界的事情：裡頭兩個具有影響力的藝術評論家是一對夫妻檔，人人對他們皆以「傑利與蘿貝塔」稱呼。在前一個禮拜六，我在紐約一家老式的小餐館與史密斯女士共進午餐。我們在一個棕色塑膠皮的包廂裡，隔桌而坐，點了雞湯粥與烤起司全麥麵包。今年五十九歲的史密斯有一頭濃密的紅髮，容光煥發，眼鏡鏡框是五彩的。她拿到藝術史碩士學位後，對《藝術論壇》開始著迷，她說：「每個人都想到那裡去。」她在一九七三年到一九七六年間開始為《藝術論壇》寫稿，「一開始時，我的目標是在不要讓自己的血管變硬的情況下，把批評當成我最主要的活動。許多藝評家最愛的都是藝術本身，如今要談藝術本身以外的東西，而且要言之有物，很多人都有困難適應。」近年來，史密斯也還會瀏覽《藝術論壇》，但已很少仔細閱讀。「它的廣告頁面好看極了，每個人都會拿來翻閱看看。真有那種自覺高人一等的味道，就像安娜．溫圖（Anna Wintour，《時尚》雜誌總編輯）編的東西。史密斯不會想再回去為專業的藝術月刊寫稿，她說：「為藝術雜誌寫稿像在錄音室錄音，而對日報寫稿像在舞台上表演，妳覺得哪一個比較好玩？」

許多人認為，藝評家裡頭沒有人比史密斯權力更大，她優雅地用手比劃著說：「你的文章是要人注意藝術家，並提供讀者思考的方式。權力要靠自己去贏得，且隨著你寫的每一篇文章起伏與增減。」自己心中那把尺非常重要，她繼續指出：「這也是為什麼藝評家不買藝術品與寫文章捧自己朋友的原因。不管手中有沒有影響力，如果希望讀者讀你的文章，就要以一種負責的態度去寫。」

史密斯相信這一點非常重要，但向自己的經驗誠實以待，不一定是那麼容易。她用一種循循善誘的態度對我解釋：「你得有心理準備，讓自己的口味從你筆下透出來。寫作時會有很多『白色雜音』圍繞著你；懷疑是智慧的關鍵，而有時懷疑的感覺很難去控制。我的作法是寫先，後來再去質問自己。交稿後，我會有一段『嗚咽難過』期，會覺得某一部分處理得不好，知道見報後可能有一些人會恨我。」

對藝術批評與藝術史兩者之間的關係，我說出自己的疑惑後，史密斯提供我很多清楚的答案，她說：「藝評家寫的時候還沒有『後見之明』。它是即時性的靈感，沒有所謂的資料研究涉入；它是自然的湧現，提供的是若干反應。」藝術品隨著時間與空間不斷前進，人對之「表示看法、用語言加以形容、並進行各種詮釋。有的經得起時間考驗留下來，有的則成為過眼雲煙」。史密斯希望她的想法是正確、有用，且可以被人引用，她咬了一口三明治，偏著頭說：「藝術會隨著延伸性的集體行為累積意義。你把每個人都見過的東西用文字呈現，而這樣的語言有時會觸動我們經驗的記憶庫，啟動的那一剎那有如靈光乍現，就好比自己的眼光被點活了。」

● 藝術評論的國王與皇后

我們快要喝完湯時，薩茲來了，在他太太旁邊坐下。「傑利與蘿貝塔」身高相仿，長相卻很不一樣；蘿貝塔是棕眼，傑利是藍眼，但兩人卻是非常匹配。不過雖然多年生活在一起，他們的「聲音」仍然很不同；傑利是評論家兼拳擊手，寫的是藝術世界與藝術作品，他的文章經常因為原則問題而挑起筆仗。蘿貝塔則像花式溜冰選手，她在觀眾未察覺之前溜進辯論，在觀眾注意到之前又溜出了辯論話題。我問他們身為藝術評論的國王與皇后，感受是什麼，薩茲說：「我們只是夫唱婦隨、婦唱夫隨的夫妻而已。」不過史密斯承認：「我們的生活方式配合得很好，我們可以盡量去寫，因為寫時並不表示我們是扔下另一個人不管。兩個人都在寫作的天地裡。」

「你們的截稿時間會吻合嗎？」我問。

史密斯回答：「他的截稿日是週一與週二，我則是週三與週四。」

薩茲說：「可是我們不會因為兩人寫的是同一個展覽而去討論，這是一個我們很堅持的原則。」

「你們多久會碰上寫同一件事？」

史密斯回答：「不太常。我們這種彼此不干預的模式已行之多年，就畫廊來說，我們幾乎不會再重疊，除非展出的畫家是公認的重量級。某些情況我們會警告對方不要去碰我們特別有興趣的畫展，要不然就是誰先發現就由誰先寫。跟美術館的大型展覽原則有些不同。」

薩茲進一步表示：「我感覺藝術家應該由《紐約時報》來披露，有時我也想談蘿貝塔要報導的展覽，但我覺得那樣做可能有失公平，尤其是對一個還活著的藝術家來說，剝奪他們在《紐約時報》見報的機會對他們不公平。」

「你們的品味有什麼樣的差別？」

「品味問題就有點難了。我們都覺得品味本身就有多種形式，但是我想我們接近藝術的方式不同，我們兩人受不同的藝術種類吸引，也受到它的影響。我比較屬於藝術形式主義，而且更關心材料及其使用方式，傑利對畫中的心理層面有更尖銳的感覺，在內容與敘述上都比我深入。」

薩茲說：「我對所有正式的東西都感興趣，但我是從另一扇門進入藝術的領域。我在芝加哥長大，芝加哥對抽象主義的討論跟紐約有天壤之別。我還記得有一次我與母親到芝加哥藝術學院（The Art Institute of Chicago），在那裡看見兩幅喬凡尼（Giovanni Di Paolo）的施洗約翰圖。我那時只有十歲，卻不停頻頻回頭看。左邊那幅中聖約翰站在一個監獄牢房裡，而右邊那幅，他的身子仍在牢房裡，但獄卒已經砍下他的頭，血噴得到處都是，約翰的頭顱也在半空之中。突然之間，我明白兩幅畫說出了一個完整的故事。」薩茲搔搔頭，繼續說：「我愈大，畫中故事的層面也就愈多。我看畫時會尋找畫家想要說什麼，或者他碰巧說出什麼；畫中透露出什麼跟社會有關的訊息，以及它不受時間限制的地方。我喜歡抽象畫，但即使是在抽象畫中，我也要尋找跟敘事有關的內容。」

薩茲深情款款地看了妻子一眼，好像等待她補充什麼。但史密斯只是用微笑來回應他的眼光。

孤芳自賞的品牌標記

傍晚七點。我在前往雀兒喜的路上碰上塞車。不久前我曾訪問過《藝術論壇》一九九二至二〇〇三年的總編輯班考斯基，如今他是論壇的特約編輯。他在我眼中出現時穿著像個考究的紳士，西裝、背心與極為搭配的格子領帶，穿著風格與葛里芬明顯不同。班考斯基是在一九九〇年藝術市場崩盤後不久擔任《藝術論壇》的總編輯，他說：「我接任《藝術論壇》時的情況非常不理想，財務也成問題。我們都猜想雜誌一定不賺錢，而且全仰仗東尼（寇納的名字，《藝術論壇》主要的股東）的大方過日子。」班考斯基交棒時，《藝術論壇》已經轉虧為盈，不過雜誌上下仍有一種共體時艱的心理與文化。班考斯基說：「編排製作《藝術論壇》的過程非常煎熬，我們要長時間工作，而且緊張得要命。我當總編輯的時候總是擔心這是我的錯，現在我不做了，每一期出刊的挑戰還是一如從前。」事實上，班考斯基自前總編輯席斯奇手中接棒時，可能就概括繼承了《藝術論壇》極高的工作道德標準。席斯奇的編輯會議經常通宵達旦，是人所共知。

在形容自己的編輯方針與手法時，班考斯基談到具備藝術批評鑑賞能力的重要性。他說：「對克勞等對理論派有興趣的人，不會喜歡像薛爾德這樣的作家。可是我喜歡對立陣營的最佳文章，希望將雙方的高見並陳。」雖然藝術評論經常扮演配角，有點像「伴娘」性質，但班考斯基相信，藝術批評影響人對藝術的觀感，他說：「權威性的藝術批評影響了市場與藝術品在全球移動的方式。從布克羅的左派傾向看來，我們本以為像他這樣的教授，可能對藝術市場的行情起不了什麼影響力，但其實正好相反。」

《藝術論壇》的力量在班考斯基看來，在於其嚴肅性。他對我說：「你得對敬虔一詞有所了解。《藝術論壇》的嚴肅性，在一般的藝術世界中是一種通行商品，某些畫廊老闆即使沒有分辨嚴肅或空洞文章的能力，他也會希望《藝術論壇》嚴肅處理。」班考斯基暗示，紐約的主流知識份子憎惡「藝術世界中粗淺的假學者」有其理由，「我總是設法趕除藝術世界中的浮誇不實，但發現幾乎是不可能，雜誌的結構問題使得維持基本的專業水準有些困難。而為了維持雜誌的國際地位，有時評論是翻譯過來的，然而翻譯文字經常是怪裡怪氣，讓人不知所云，讓編輯處理起來十分困難。另外，《藝術論壇》跟學界保持關係，表示若干撰稿人會將學術語彙塞到文章中，卻不知如何表達自己想講的是什麼。有些外部作者雖有重要的觀點要表達，但因為多年給不重視可讀性的特殊刊物寫稿，寫出來的東西讀起來有如天書。不管是哪一種文章，最糟糕的是，藝術批評的『怪言怪語』往往會在畫廊的新聞稿中出現。」

我們談話快結束時，我提到有一位沒有畫商代理的畫家朋友，他恨《藝術論壇》入骨，因為他認為《藝術論壇》「排外、搞小圈子、自以為是，而且孤芳自賞」。班考斯基聞後大笑說：「他說的都對，這也是《藝術論壇》的品牌標記。當然也有可能對錯誤的事情自滿。」

我的計程車在寶拉・庫柏畫廊（Paula Cooper Gallery）前停下來，這家畫廊位於西二十一街的北面與南面，也在《藝術論壇》二月號中的第三十三頁出現。庫柏畫廊在一九六八年成立，代表非常多位重要的極簡派畫家。它與《藝術論壇》淵源極深，一九七四年曾以大手筆為女畫家班格里斯在《藝術論壇》買廣告，要求雜誌刊登她一幀極具爭議性的廣告而名噪一時。如今庫柏畫廊在《藝術論壇》所登的廣告大部分沒有影像，每個月都用簡潔的字體發布直截了當的聲明，宣布畫廊將展出某位畫家的作品、開幕日期與兩處畫廊的地址。字體的顏色與背景有時會變化，但模式固定。畫廊一名助理告訴我，庫柏不希望在影像旁邊加注文字，她希望展出的藝術作品周遭有很多空間。她總是希望藝術可以製造出一種純粹的經驗，因此對要不要用文字說明很掙扎。

看了貴賓簽名簿與上面的紅色簽名後，我知道《藝術論壇》的領銜人物也在此。藍茲曼總是希望可以親自觀賞與了解藝術，他稍早曾對我說：「如果你注意畫廊或美術館的節目表，你就知道什麼時候是他們的重要時刻、什麼時候他們準備擴大廣告版面或是取下現在的廣告，好登另一則廣告昭告社會某美術館或畫廊要舉行的畫展。一般說來，對廣告上門絕不能霸王硬上弓，但有時你可以判斷畫廊與美術館知道什麼時候是好時機、什麼時候他們對登出的廣告會感到高興。」我終於看到矮小的藍茲曼在與畫廊的一名美腿助理交談，也記起他的名言：「我欣賞藝術世界，因為它是人彼此結識的中立場所，在這裡，人可以用與不同於他們出身背景的方式互動。」我希望欣賞一下瓦利・拉德（Walid Raad）畫展的內容，可是長方形的大展廳中，擠滿了拉德任教的柯柏聯盟藝術學院（Cooper Union）的學生、ＣＡＡ的藝術史學者與他的藝術同僚。黎巴嫩裔的視覺藝術家拉德在ＣＡＡ名氣很大，他的同黨漢斯・哈克（Hans Haacke）與馬克雷也特來捧場，水泄不通的人潮中幾乎無我旋身之地，後來終於放棄看畫的念頭。

● 賦予藝術特權是唯一使命

晚上九點，我又回到《藝術論壇》辦公室。整棟大樓人幾乎都走光了，只看見一小群編輯圍著一個長桌，就著餐盒吃泰國麵。葛里芬看見我進來，招呼我說：「來，加入我們的營火晚會。我們剛剛坦誠交換過編排的意見，你錯過了那一幕。」說完喝了一口啤酒。

夏貝藍開玩笑地說：「我們可以再來一次！」我曾經向他抗議我在《藝術論壇》都沒看到足夠的動態互動。

葛里芬回答：「是呀，夏貝藍，妳先來帶我們禱告。」

編輯們吃飯時，室內一片沉寂。餐桌上的大理菊將餐桌點綴得十分好看。

「我們正在漫無目的地談下幾篇『千字文章』。」「千字文章」是《藝術論壇》的定期專欄，藝術家可以用來討論他們最近或即將推出的計畫。文章通常會經過編輯的修改。

史考特・羅斯科夫（Scott Rothkopf）是資深主編，為了要完成博士學位，目前轉成兼差性質，他說：「夏季的『千字文章』……我的確聽到我們的好友法蘭契斯科・維佐里（Francesco Vezzoli）要在威尼斯雙年展義大利館展出的計畫。好像很合適『千字』性質。」

「他不斷對你動腦筋。」葛里芬帶著他一貫的笑容調侃說。

羅斯科夫仍興緻勃勃地說：「他要推出嘲諷選舉的宣傳短片，大概是針對共和黨與民主黨而發，由莎朗・史東（Sharon Stone）與貝爾納－亨利・李維（Bernard-Henri Levy）擔任主角。如果登了那一篇，讀者會有興趣讀那一期的雜誌，然後在四天後坐上飛機到威尼斯去看這部短片。」

「然後他們就會要酒來喝。」葛里芬笑了。「這個主意還不錯，我們可以著手做，不過要小心，因為一定有很多新聞。你可以告訴他，如果他也把同樣的東西給了《快閃藝術》

（Flash Art），大家會大大掃興嗎？」

一個接一個的，編輯們都回到自己的桌上，繼續手邊的修潤工作。葛里芬呻吟地說：「我現在有點感覺東倒西歪，因為我剛穿過一道終點線，卻又要開始跑向另外幾個。我們終於覺得這一期的幾個話題都處理得不錯，而通常這種時候我們都累翻了。」的確，藝術世界已經擴展和加速，金錢滾滾湧進，有擴版與增頁要應付，我想的確是很難跟上腳步。身為蓬勃時期的總編輯，葛里芬可以不理會廣告壓力，追求與藝術的純淨對話。他嘆了一口氣說：「《藝術論壇》的使命是附予藝術特權，這是唯一讓這一切產生意義的方式，要不然我們只是在殘害樹木浪費紙張而已。」

6

村上隆工作坊

The Studio Visit

上午九點零四分，東京威斯汀酒店（Westin Tokyo）內的情景跟東京所有的豪華酒店一樣，侍者站在紅色大理石地板上，不斷朝經過的旅客鞠躬。我上次在巴塞爾博覽會上遇見的布倫與波雙手抱胸兩腳立定，站在前門旁，他們透過臉上的雷朋太陽眼鏡打量著我。我比約定的時間晚到了幾分鐘，打過招呼後，我們展開了一日參觀計畫，去看一件重要的新作品。洛杉磯藝術交易商布倫與波，過去七年中一直在密切觀察日本藝術家村上隆（Takashi Murakami）藝術作品《橢圓大佛》（Oval Buddha）的進展。此刻它的外殼還有待披上白金箔片，但這尊預算足夠支付好萊塢小規模獨立電影製片所需的大佛，總算快要完工了。這尊十八英呎高的雕塑，此刻坐在日本西北海岸的工業城市富山（Toyama）一座鑄模廠中，等待人來謁見。

布倫用流利的日語對計程車司機說：「請到羽田機場。」我們坐的計程車是黑色的，外面乾淨得發亮，裡面的座椅則用傳統的白色蕾絲布套住。司機戴著白手套與口罩，看起來有點像小成本的生化恐怖電影中的龍套，但實際上，手套與口罩是日本患感冒或過敏症男性的必要裝備。他的座椅後面有一張說明，告訴乘客他的嗜好是：一、棒球；二、釣魚；三、駕駛。

波坐在前座，他還有飛行時差引起的不適與宿醉。布倫與我坐在後面。布倫旅居日本已經四年，他告訴我：「我非常喜歡講日語，它對我來說就像戲劇；我本來很想當演員的。」布倫的皮膚曬成褐色，鬍子大概一週未刮。他手指上戴著一個骷髏戒，據說有時會為他帶來好運。「席默爾說，我看起來像一個神經失常的電影明星。」他自我調侃地說，笑時露出一口白牙。布倫或許真可以在電影中擔綱領銜演出，不過波更像電影《謀殺綠腳趾》（The Big Lebowski）裡，由傑夫・布里吉（Jeff Bridges，二〇一〇年奧斯卡最佳男主角獎得主）飾演的督爺（The Dude）。

洛杉磯現代美術館首席策展人席默爾，今天也會飛到富山。他主辦的村上隆個人作品回顧展（© MURAKAMI），將在四個月後展開，而《橢圓大佛》是這項展覽的高潮。布倫身子向前座靠近，半笑半埋怨說：「席默爾是四度壓榨。第一次是要我們為展覽贊助十萬美元；第二次是高古軒、裴若汀與我們合付了廣告費用。」他指的是村上隆的紐約與巴黎交易商高古軒與艾曼紐・裴若汀（Emmanuel Perrotin）。「第三次又要我們負責空運《橢圓大佛》，將它如期送到展場。還有第四次，他希望我們為展覽晚宴須用的桌子，出兩萬五千元。」他回過頭來對我說：「問波有關錢的事，那真是頭大，他最不喜歡花錢。」

波搖搖仍然靠在椅枕上的頭，語音單調地說：「席默爾不斷創造歷史。他有學術根基，也曾經舉辦轟動一時的展覽，錢都花得很正當，跟我們為製作《橢圓大佛》付出的錢相比，是九牛一毛。」波啜飲了一口礦泉水，然後抱住水瓶。「《橢圓大佛》對我們來說意義重大，不僅因為它是我們畫廊有史以來最大的預算支出。」布倫與波一九四九年開始經營畫廊時，還在畫廊後面兼營古巴雪茄生意，以支付畫廊開銷。即使他們一九九九年在巴塞爾博覽會的「藝術宣言」攤位上展出村上隆的作品時，他們還請別的攤位的人來幫忙搬，因為他們出不起搬運與裝置的錢。波繼續說：「看見這件作品的那一刻，情緒一定激動萬分。」

極其複雜但不孤芳自賞的大師

活著的藝術家舉行的首次重要回顧展，也是某種「蓋棺論定」的時刻；不僅對藝評家、策展人與收藏家而言是如此，對藝術家本人與代表他的交易商而言，也是如此。布倫認為，四十五歲的村上隆應該在外國受到「肯定」，一點也不令人意外。我們的車子經過一個電子標示令人眼花撩亂的十字路口時，布倫望著窗外說：「日本是一個同文同種的文化，不喜歡有人太過標新立異，他們會壓抑過度突出的地方。在日本，創作的地位低多了；藝術市場非常薄弱，也沒有一個像樣的當代美術館網絡，宣傳不是那麼容易。」

為了發揮最大的影響力及實踐個人所有的興趣，村上隆經營了一家名為「怪怪奇奇」的公司（Kaikai Kiki Co. Ltd），在東京與紐約聘用了九十名員工，公司的業務範圍，在他的代理畫商眼中，堪稱瘋狂。這家公司創造藝術，也設計商品；它是另外七名日本藝術家的經理人、代理兼製作，並舉辦展覽兼藝術季活動的「藝祭」（Geisai），有時也承包時尚、電視與音樂公司的製作工作。「怪怪奇奇」顧名思義是指「奇奇怪怪」，泛指一切令人感到新奇或不安的現象。

布倫說：「村上隆是一個極其複雜的人，但不孤芳自賞，而且也不來表面那一套。他的父親是計程車司機，但他自己卻有博士學位。他曾經策劃一項真正劃時代的三部曲展覽，探討日本的視覺文化。第三部分的展覽主題是「小男孩：日本爆炸性次文化的藝術。」二〇〇五年這項展覽在紐約的日本學社展出，獲得了數項榮譽。

村上隆最受矚目的委託創作設計，是為衣飾奢侈品巨擘路易・威登（Louis Vuitton）設計的皮包。二〇〇〇年，該公司的藝術總監馬可・賈伯斯（Marc Jacobs）委託村上為該公司古老的品牌標幟（棕、米色的ＬＶ浮在花瓣與鑽石圖案上），尋找一個新風貌。村上設計的三款圖樣，後來全都被ＬＶ搬上了它的產品，其中一款是「多彩圖案」，在黑白背景上運用了三十三種不同的糖果顏色。這個圖案推出後大為轟動，成為ＬＶ的固定系列產品。村上後來反客為主，將這種多彩的圖案用在自己的一系列繪畫上。波表示：「村上的ＬＶ繪畫系列以後會非常重要，只是大眾現在還不明白而已。他們看這些繪畫，認為不過是枯燥的品牌宣傳，但這些畫裡充滿他開創的『超扁平動漫』（superflat）風。」村上隆所謂「超扁平動漫風」，是要泯除藝術與奢侈品之間、高雅與通俗文化之間，以及東方與西方之間的差異。

我們的計程車經過一條水圳時，在瞥見一個頗像巴黎艾菲爾鐵塔的紅白色「東京鐵塔」的一刻，我們請教他們兩位「畫商在工作坊中的角色為何」？

戴著米色球帽的波不滿地表示：「大家想到藝術家的工作室時，總是會聯想到波拉克在畫布周遭不停地走動。畫商其實像編輯或共謀者，我們協助藝術家決定要展出什麼與如何呈現，我們協助的是藝術的創造與製作。」波說完轉頭看了看布倫，然後又看看我說：「最終說來，我們是銷售以實物所呈現的象徵。我覺得我們與簽約的藝術家之間的關係，跟其他的藝術交易商比起來，誠實多了，可是我不便替人下結論。」

• 堅持記錄每一層色彩

兩天前，我參觀了村上隆在日本的三處工作坊，我的翻譯與我一同搭火車前往日本琦玉縣，然後坐計程車經過了無數綠油油的稻田與住宅區，到了他最主要的工作坊。那間工作坊像穀倉，四側用的是米色的鋁材。工作坊外面大約放了六輛前面有籃子的腳踏車，另外還有一輛引擎仍在運轉的計程車在等候。村上隆剛剛結束每日視察，正步出工作坊，他看起來有點不高興。他身上穿的是白色的恤衫、寬鬆的綠卡其褲；腳上穿的是球鞋，沒穿襪子（接下來的一個禮拜他也都是這樣穿）。他的黑色長髮綁成了一個武士髻。我向他確定當天下午我們要在他位於元麻布（Motoazabu）的東京設計總部進行訪問，他嚴肅地點點頭就走了。

繪畫助手的表情看來好像剛挨過罵。跟往常一樣，他的員工在早上八點五十分到達公司（在日本無人遲到），之後開始在樂聲中做十分鐘的體操，這也是日本上下從小學就開始的日常儀式。如果村上剛好在場，他也會加入。我在上午九點三十分抵達時，十二名員工已經零零散散在一個跟網球場差不多大的白色房間中開始工作，其中三人在一幅三聯圖上畫著「鬼臉花朵」（村上為日本一齣叫座的電視劇設計開場鏡頭，也有同樣的設計），助理需要在三天內完工，好讓這些花朵在記者會中亮相。然而此刻畫中若干黑色的線條有些模糊而不穩定——「不夠明快俐落」；若干色彩過於黯淡與出現條狀的紋路——「不夠稠密」；若干白金色箔片快要鬆落，而三聯圖卻必須奉村上之命「現在」就趕出來！畫者之一告訴我說，她經常做村上對她大吼大叫的惡夢。她聳聳肩表示：「他常常生氣，工作氣氛總是很緊張。」

一名男子正用一個小數位攝影機拍下第一張畫布上的圖像。村上對記錄每一層色彩這件事非常堅持，因為這樣做，即使是他出差在外，他還是可以知道過程的進展，還是可以依據過去的色彩，在未來的工作中複製出類似的色彩效果。兩名女性把第二與第三幅畫放到長方形的活動桌上，有一人盤腿坐在地板上，眼睛離畫布邊緣只有兩英吋。她左手拿的是一個扁圓的竹刷，頭髮上插了一根棉花棒。另外一位叫做佐藤玲的年輕藝術家，跪在地上重新上鉛。他們全都穿著公司發的棕色塑膠涼鞋，手上戴著的白手套都剪去了大姆指與食指部分。他們的衣服上都沒有什麼油彩；不是默默地工作，就是戴著iPod。我問佐藤他們的工作是否有發揮創意的空間，她回答：「完全沒有。」不過她是七名「怪怪奇奇」代理的藝術家之一，即將在西班牙的一個團體展中有個人的作品展出。她說：「我的作品完全不同，它們刻意表現粗線條。」她的補充流露出對作品的得意。

我沿著室內做了一圈巡禮，各個角落都不放過。我發現了一個大塑膠盒，裡面裝滿了十平方英吋大小的蘑菇繪畫；我知道村上一共設計了四百種不同的蘑菇造型，用來測驗新進員工的畫技。在房間很後面的地方，我看見一堆圓形的小塊空白畫布，上面已經上了二十層薄薄的塑膠彩白底，因此像玻璃一樣平滑。地上還有另外一堆尚待完成的作品靠在牆上，等著成為村上口中戲稱為「大臉花」，但正式名稱為《喜悅之花》（Flower of Joy）的畫作，一共有八十五幅。高古軒畫廊曾在二〇〇七年五月的畫展中，以每件九萬美元的售價賣出五十幅這樣的作品（正式的售價為十萬美元，但知名收藏家可享一成折扣）。

● 未能如期交差就像米開蘭基羅對教宗失信

在倉庫的最後面是一幅未完成的作品，十六扇大畫板都面對著牆堆在一起，半數外面蓋著透明的塑膠布。其實這間在六個月前才完工的工作坊，就是蓋來放這件大作品用的。這件大作品是佳士得拍賣公司老闆平諾委託村上所做，是第四幅標題為《727》的作品。頭一件《727》被紐約現代美術館收藏，第二件為避險基金管理人柯恩所有。跟其他的《727》鉅作一樣，平諾委託的這幅作品中，應該也有著村上的一些招牌特色：後核子時代米老鼠變體——騰雲駕霧的Mr. DOB。當然，有人將它詮釋為是一頭鯊魚在衝浪，也有人覺得是受到日本十九世紀著名的浮世繪畫家葛飾北齋（Hokusai）的《神奈川巨浪》（The Great Wave of Kanagawa）木版畫的啟發。村上這幅十六扇的大手筆，原本是要趁威尼斯雙年展揭幕之際，陳列在平諾的葛拉西宮（Palazzo Grassi）的中庭，但因為若干畫工一流的員工在重要時刻離開村上，這項大工程一直沒有完工。

「村上未能如期對平諾交差，就像米開蘭基羅對教宗失信一樣。」這是布魯克林美術館副館長查理・德馬雷（Charles Desmarais）的名言，經常被人拿來引述。村上巡迴回顧展二〇〇八年四月在布魯克林美術館展出，之後也在法蘭克福的現代藝術美術館（Museum für Moderne Kunst）與西班牙的畢爾包古根漢美術館（Guggenheim Bilbao）展出。後來我再見到村上時，他用他極簡風的英語對我形容他的困境：「我當時太緊張了，搞得員工都非常累；而我每天都會生氣。他們想說：『ＸＸ，村上。』我則想：『天哪，我沒辦法完成那件作品。』可是我無法對平諾先生解釋。當時非常不好過。」

村上的紐約工作室從許多方面來看都跟這裡很像。這兩間工作室之間可以透過電子郵件、網上聊天（iChat）與定期的多方通話聯絡。紐約那間工作室也很小，四面是白牆，除了通風電扇與偶爾用來吹乾顏料的吹風機聲音外，寂靜無聲。我曾經去過那裡兩次，一次是在四月。當時大夥都在日夜趕工，為高古軒的展覽做準備。另一次是在五月中，那次大家都比較有時間談話。我曾趁機仔細觀察剛從藝術學校畢業的波多黎各裔美國畫家艾凡尼・潘根（Ivanny A. Pagan）作畫。他旁邊的畫椅上有三個小塑膠盆，他告訴我說：「綠色三百二十六號、黃色六十九號與橙色十二號，這些顏料因為號碼不同而有不同色調。我不願意在色彩上有所挑剔，但黃色實在是麻煩，因為它會顯示出筆觸。」他停下來，在一個歐普藝術風極強的「中型花球」上的一點用筆刷修補顏色，接著告訴我：「你會以為合成顏料完全一樣，但事實上所有的顏色都不相同。」村上堅持作品裡不能有任何畫者的手筆痕跡。潘根長嘆了一聲說：「我們的棉花棒今天已經用完了，可是我有灰塵的問題。」他邊調整手套邊說：「去碰畫是會被罵的。」他繼續告訴我：「大約在高古軒畫展展出前十天，村上到畫室來。我們大都是新人，因此都沒見過他，當時真是緊張。所有五十五個小花臉，我們每個都須重做。」潘根把竹刷沾了沾水，然後在他的牛仔褲上擦乾。「幸好我們有跟村上共事已經十年的杉本，這裡的繪畫部門主管。她的技巧無懈可擊，幾下子就可以把畫的神韻抓出來。」對潘根來說，出席高古軒主辦的展覽時，他才好像是「第一次看見作品」，簡直無法置信。他說：「當中有一個花球我畫了一個多月，但上了彩以後，加上燈光效果，又是全然不同的一番經驗。我們曾經在上面一層又一層地上彩，但對觀賞大眾來說，新鮮度彷彿剛剛才上了畫布。」

藝術家當中，願意承認集體努力的人不多，而村上卻是這種少見的藝術家之一，參與他主持創作的藝術家都可在作品上簽名。例如他二〇〇一年那幅由Mr. DOB變身，像一艘星際太空船的《Tan Tan Bo》，這一件三聯繪畫曾經被洛杉磯現代美術館用來做為雜誌的廣告，參與創作的二十五名畫家全都在畫布後簽了名。有些畫上留名的畫家則多達三十五人，村上提拔後進誠為不可多得。許多藝術家不願失去善意的協助，但大部分的藝術家更認為，保持創作孤立與他們的信譽關係更牢不可破。

重視行銷與通訊的工坊

在琦玉畫室逗留幾小時後，兩名公關、翻譯與我坐上一輛七人座的豐田廂型車，前往村上最早成立的博芳工坊（Hiropon Factory，即今琦玉縣朝霞的沼藝術之森工作坊）。擔任司機的是戴著寬邊禮帽與五〇年代風格眼鏡的酷哥，他也是公司助理，但不管繪畫的事。博芳工坊是村上隆與他三名助手在一九九五年所成立，有點像「沃荷工廠」，也是他製造藝術創造模型的地方。這個工坊後來在二〇〇一年改名為「怪怪奇奇」，反映出他已將整個工坊的營運重新定位在一個重視行銷與通訊的公司上。電玩巨擘世嘉公司（Sega Corporation）有「音速小子」（Sonic the Hedgehog）、任天堂（Nintendo）有「血腥馬力歐」（Super Mario），「怪怪奇奇」公司命名的靈感係來自信紙與文化物品上的吉祥物。「怪怪」是溫和可愛的小白兔，「奇奇」是有著兩只尖牙的三眼粉紅鼠。它們都有四只耳朵，一付是「人」的耳朵，一付是「動物」的耳朵，暗示怪怪奇奇公司隨時在注意聽社會的心聲。

車程一共十五分鐘，我們經過了若干不錯的人家，屋外的樹木都修剪成盆栽的樣子。我們來到一個小石子鋪成的車道，車道四周是一些難看的預鑄屋，與一些野生的樹木與雜草。除了兩個工作場所外，這裡也是村上主要收藏檔案的地方。村上愛仙人掌與荷花成癡，這裡也有兩間仙人掌溫室，以及一大排養在大水缸裡的荷花。不過荷花好像剛被移植至此，樣子有點水土不服。

在第一棟密不通風的建築中，三名助手正在聽日本流行搖滾音樂電台JWAVE的廣播，也正準備為比實物略小的光纖雕塑《Second Mission Project Ko》（通常稱為SMPKo2）上彩。這是一件包含三部分的作品，大胸脯、大眼睛、有著小尖鼻與平坦肚腹的漫畫女孩Miss Ko，正在蛻變成一個飛行的噴射機。這個作品一共有三個版本，一件正版和兩件試版，三件均已賣出。第一個試版要趕在洛杉磯現代美術館的村上個人回顧展之前完工。Miss Ko的頭部、頭髮、上身、兩腳與陰唇，分別放在兩個看起來像手術檯的工作檯上。一張桌子上，兩名女性根據需求把膠帶剪成一模一樣的形狀，以蓋住要噴顏料的部分。在小房間的另一端，一名男性正在測試白顏料不同的色調，好在Miss Ko的頭髮上一層彩光，以達到類似「科學怪人新娘」的效果。他在Miss Ko狀似芭比娃娃的粉紅色皮膚上，分別嘗試粉白、灰白、螢光白與這幾種白之外的另一種白色。結果他選了兩種他認為效果最好的白色，並對我說：「最終的決定要看村上先生。」我問他對Miss Ko造型的觀感，他表示：「她是媒體世界美女造型的傑作，但我心儀的女性不是這一型。」

● 利用無厘頭對社會現象表達批判

村上作品的版次不單是以數字來區分，而且還以顏色區分。一個版本的第一次雕塑可能使用三百種顏色，而第三次使用的顏色有可能多達九百種。村上在創作的過程中，不但以美學的角度不斷嘗試不同的顏色，而且以「種族」為出發點；他調整色調，使其更複雜、更有變化，也讓它更完美。若干雕塑的顏色呈現出像白化症的白，有的則像白種人的粉紅，有的綠中帶棕，或是像噴墨般的黑，村上後來告訴我，他個人認為日本人的膚色是「李色」。

在下一棟建築中，我們依照日本習慣脫去鞋子，不過走進去後發現有七名女性在裡面吃便當。怪怪奇奇商品部的員工每天都一起共進午餐。他們告訴我這裡有一間臨時的商品陳列室，我們便穿過石子路走到另一間像紙箱一樣的建築裡。沒想到在這裡我看到席默爾在洛杉磯現代美術展的助理吉竹美夏（Mika Yoshitake）。她正在一堆恤衫、海報、風景明信片、枕頭、塑膠小人、貼紙、填充怪物、茶杯、滑鼠墊、鑰匙鍊、目錄、手機袋、徽章、購物袋、裝飾盒、便條紙、鉛筆等商品中挑挑撿撿。在一堆高高的白色包裝旁邊，明顯有一顆寶石——名稱為《眨眼先生，宇宙球》（Mister Wink, Cosmos Ball）的雕塑藝術。可能是從電腦宇宙中培養出來的敏感，「諾頓電腦醫生」（Norton Utilities）的發明人彼得・諾頓（Peter Norton），很早就賞識村上的作品，早在二〇〇〇年就與當時的妻子艾琳（Eileen）委託村上製作了一版《眨眼先生》（Mister Winks），把五千個《眨眼先生》當作聖誕禮物分送親友。這個雙腳盤成蓮花座、雙掌朝上的蛋頭小丑，即是《橢圓大佛》的最初靈感來源。

吉竹表情有點痛苦地說：「我們有一間陳列室專賣商品，席默爾對這方面的細節完全不過問，我得負責選出三百件商品運到洛杉磯。」吉竹的父母是日本人，她在加州長大，目前正在洛杉磯加大攻讀博士，以日本觀念與藝術處理為主題撰寫論文，後來被洛杉磯現代美術館挖掘與羅致。（席默爾後來告訴我：「在洛杉磯加大的藝術史教授陣容中，我像一個『敵基督』的人，把最優秀的學生引誘到黑暗世界！」）有著藝術史與語言兩項利器，吉竹成為加州現代美術館與怪怪奇奇公司之間的重要連繫管道。她告訴我說：「最先我一點都不喜歡村上隆的作品。我對藝術作品中的短暫與永恆性有興趣，不是喜歡「物品」的人。但是後來卻開始對村上的創作發生好感。」她一手拿著一本筆記夾板，一手玩弄著她脖子上的珠鍊，繼續說：「我愛上Mr. DOB這個角色，尤其是他在瘋狂放縱要自我毀滅的時候。」吉竹逐漸修正她對普普藝術家的觀點，「我以前總認為他們沒有什麼重要的東西要表現，主要的目標是用名利包圍自己。然而村上的野心更大，他的作品表達的不僅只是膚淺的偶像，而是要利用反諷與無厘頭，來對所有的現象與品牌表達批判。」

●宣揚村上藝術的重要儀式

吃了麵條午餐後，我們前往村上在元麻布的三層辦公總部參觀訪問。我們在大約一小時的車程中，又經過了很多稻田與輕工業工廠，也穿過了一條大川、駛過高架高速公路。高速公路的兩旁設有隔音牆，保護離六本木精品店區不遠的高級住宅區。到達目的地後，我們要搭電梯上樓，當電梯門打開時，我們看見的是一扇不鏽鋼與玻璃做的門，我們需要掃瞄指紋與鍵入四位數密碼才能進入。跨過門檻後，映入眼簾的是一面什麼都沒懸掛的白牆，以及擦得發亮的木頭地板。乍看下有點像畫廊中的密室，但細看後你才恍然大悟，它顯然是一間擁有高度安全防護的數位設計研究室。二樓有兩間會議室與兩個開放辦公空間。三樓的建築設計跟二樓大同小異，但真正的創意工作是在這裡進行。我在匆匆的巡禮中，瞥見《橢圓大佛》的半身像不斷在一個3D電腦螢幕上旋轉，但我來不及仔細觀察，就被公關帶到別處去。

村上赤腳在三樓走動，顯然心情比早上好很多，對員工的問題一一當機立斷地回答。他的工作檯約有十六英呎長，位於一個大房間的中央，四周是四名設計師與五名動畫繪圖師的工作檯，這些人全都背對著他，眼睛專注地盯著二十英吋的電腦螢幕。村上工作檯的中央是一台蘋果筆記型電腦，旁邊有一些空白CD、藝術雜誌、拍賣目錄、空的外賣咖啡紙杯與一包迷你糖條。在房間盡頭的一個桌案上，我看見分別顯示東京、紐約與洛杉磯時間的三聯鐘。時鐘上方是我看過正在進行中的三幀花臉三聯畫的彩色海報。

如果村上是坐在他的旋轉椅上，那麼青島千穗（Chiho Aoshima）會坐在他的右手邊伸手可及之處。雖然她的座位可能暗示她是村上的手下，實際上她是在為自己即將於巴黎展出的個人展做最後修飾。青島以前負責村上的設計部門，不過這位三十三歲的藝術家已經辭去這份工作，全心全意為自己的藝術創作努力。根據藝術史學者卡洛琳．瓊斯（Caroline A. Jones）的說法，在沃荷工廠，「女性是無償工作、任勞任怨；雖為藝術犧牲，卻也把際遇告訴全世界」，但怪怪奇奇不是這樣，它贊助的七名獨立藝術家中，有六名是女性。

到了我們約定採訪的時間，村上坐進他的旋轉椅，一隻腳盤成蓮花座，另一隻腳垂下來，準備交談。他請我們喝綠茶，也為他的英文道歉，並表示即使是用日文，他「也不太會用語言來溝通，所以才會轉向繪畫」。不過，他相信媒體採訪的力量，也承認參觀他的工作室，是藝術世界宣揚村上藝術的一項重要儀式。村上告訴我，他當天手上有三、四十件創作計畫在同時進行，「我的弱點是我無法專注於一項事情，我必須設計好幾件事情來做。如果我只看一件作品，馬上會覺得它很無趣。」去年底村上累到體力不支，必須住院十天。「那時壓力很大，我把電腦和許多助手都帶到病房來。後來醫生終於說人太多了，說我在浪費錢，要我出院回家。」

我問：「你是什麼樣的老闆？」

他毫不猶疑地回答我說：「我是很糟糕的總裁，我駕馭公司的技巧很低。我其實不想在公司裡工作，可是我有很強烈的慾望要創造很多作品。管理人與創造藝術完全不同，每天早上我都會罵人。」這位在美學與管理上都鉅細靡遺的藝術家兼老闆說：「我以前總認為我的員工動機是金錢，但對從事創意工作的人來說，最重要的是要感覺到自己在學東西；有點像電玩。我的期待太高令他們感到挫折，因此當我說作品『可以』時，他們會感覺自己贏到一種獎賞。」他摸著自己的山羊鬍說：「我在思索如何引起日本三十歲以下的人共鳴，我必須跟一種電玩的感覺溝通。」

●「藝術家是通靈的人」

村上說話時把橡皮筋從頭髮上拔下來，套到腕上，嬉皮式頭髮垂到胸前。「在設計階段，我想他們的確把設計概念放進來。」村上的藝術創作是從畫筆、畫紙開始，然後再由助手利用Adobe Illustrator CS2的功能將其掃瞄到電腦，接著再用各種不同的技巧調控其線條與彎度。「我不知道如何操作 Illustrator，但我在檢查作品時會說『可以了』或是『不行不行』。」矢量圖形（Vector）的軟體如Illustrator等，可以讓使用者延伸、扭曲與放大圖形，而仍能保持原圖的穩定，這類軟體已使設計業轉型並煥然一新，但使用的藝術家目前尚不多。傑夫．渥爾（Jeff Wall）與安德烈．葛斯基（Andreas Gursky）等藝術家使用Photoshop軟體後，當代攝影已起了革命性的改變，然而，繪畫與雕塑的創造目前多半還是死守低科技。在怪怪奇工坊，藝術創作的設計階段在村上與他身懷電腦絕技的助手之間來來回回，一直到他對圖像滿意為止。等設計圖送到畫室執行時，除了在將數位色彩轉換為實際顏料過程中的少數例外之外，已經不太有什麼再詮釋的空間。

然而對雕塑而言，情形就不是如此單純了，因為雕塑藍圖要落實到實物上時，實物實際的長度、寬度與高度，都須再做中間干預性的分析與澄清。製作首座金屬雕塑《橢圓大佛》時，村上合作的對象是他經常光顧的模具壓鑄公司Lucky Wide，由它來承製不同大小的模型，然後再交由黑谷藝術（Kurotani Bijutsu）鑄模公司鑄造與拼組成品。村上對我說，製作《橢圓大佛》的初期階段過於緊張，造成好幾位雕塑師辭職，甚至有一位中風。他說：「這個作品上有這些雕塑師的不滿，受到黑色能量的窮追不捨，可能也是它成功的部分原因。或許妳看到作品時可以體會到那種感覺。」

村上說：「藝術家是通靈的人。」即使有翻譯與在場精通雙語的人幫忙，這句話仍像一個謎題。它是指巫師嗎？是大祭司嗎？還是可以跟死人溝通的人？村上的作品中，有著他曾是多年沉迷於科幻漫畫的「御宅族」痕跡。在日本，這些「御宅族」通常都是社會功能失調、性生活受挫的年輕男子，活在幻想世界中。村上說：「我們定義國外的次文化時，都覺得那是一種酷的文化，但『御宅族』卻是一個一點都不酷的本土文化。我的心態來自那些動畫宅男，我浪費自己的時間，無所事事，幻想日本是一個科幻小說作家菲利浦·狄克（Philip K. Dick）筆下的世界。」村上心不在焉地把頭髮後攏成一個斜斜的髻，「藝術家是一個了解此世界與彼世界界線的人，或是設法要努力了解的人。」村上的藝術絕對是位於多個世界之間：藝術與卡通；陰與陽；傑克與海德（Jekyll and Hyde，同一人的善惡雙重分身），但如今他已絕不是一個漫無目標只會做夢的人。他承認：「我會針對觀者的反應改變方向，或是繼續朝同一個方向進行。我同時並重的重心是要能夠通過長期考驗及與當代的感覺結合。藝術若只知追逐利潤，按我的價值觀來看是邪惡的，我要從嘗試與錯誤中爭取作品受到歡迎。」

村上是沃荷迷，我問他不喜歡沃荷什麼地方，他皺眉沈吟了半天，終於回答：「我什麼都喜歡。」他繼續說：「沃荷的天份是在他發現了容易的繪畫。我很嫉妒他，我總是問我的設計團隊說：『沃荷能夠創造這樣一個容易的繪畫人生，為什麼我們的作品這麼複雜？但是日後會見分曉，歷史會知道。我的弱點是我的東方背景，東方味道呈現得太多。我想我在現代藝術戰場上有點不公平，但我沒有其他選擇，因為我是日本人。』」

當我引述沃荷的名句：「生意亨通是最吸引人的藝術。賺錢是藝術，工作是藝術；生意亨通是最好的藝術。」村上笑了，並說：「那是幻想！」

村上早期創作歲月中，曾經拒絕採用沃荷的絹印版畫技法複製圖案，喜歡完全用手繪，但他後來在拓展風格、實驗重複技巧與改進生產力時，開始見「賢」思齊。他們兩人的絹印複製技巧極不相同；沃荷的四英呎花作（一九六四年）照例使用一幕畫面，而村上的一公尺高花球作品就用了十九幅絹布；沃荷的創作接受意外、褪色或顏料逸出等失誤，甚至有時去刻意製造，但村上畫工的精細程度，用一句畫評家的話來說是「高超到荒謬的程度」。村上閉上眼睛說：「荒謬？我同意。」他點點頭，然後慢慢做了一個鬼臉說：「而且很痛苦！」

●為藝術拋棄了常人生活

「工作坊」應該是一個可以讓藝術創作者深度冥想的地方，但村上並無特定喜歡的思考空間，或他認為是工作室靈魂核心的角落，他坦白說：「任何地點，任何時間我都可以深呼吸，將氧氣送入大腦，冥想幾秒鐘，然後開始工作。結束採訪後，我得重新為饒舌歌手肯伊．威斯特（Kanye West）的新唱片封套繪圖。我沒有時間操心自己會在哪裡。」村上講的是威斯特的第三張唱片 Graduation，村上已經設計好單曲封面與一支動畫音樂錄影帶。村上解釋他們的合作是如何演進：「威斯特是我大胸脯美少女雕塑的粉絲，他風聞我的作品後便邀我為他設計。」他指的是《博芳》（Hiropon），這個在一九九七年完成的彩繪光纖作品是一個藍髮少女，胸脯超大，而且會噴射乳汁，量多到像一根懸空的繩子。他繼續說：「過去幾週我非常高興，因為我跟專業搞動畫的人找到一個很好的溝通方式。」村上已經將這項工作委外執行，「最後期限就要到了，製作費用已經固定了，威斯特公司的經紀人非常一絲不苟。有點緊張，但我很愉快。」

談到睡覺，村上也是一樣不拘地點。村上沒有所謂的「家」，他有一張床擺在離他工作檯不遠的地方。他在紐約的工作室也有一間簡單的「臥室」，琦玉的兩間工作坊的角落上也擺有床墊與睡褥。他每週工作七天、每天的工作時數都很長，但每天都總會數次小睡片刻。從很多方面來看，村上都是一個不受傳統或流俗拘束的人，但論到他的日本工作倫理，他是一個極其傳統的人，因為怪怪奇奇的公司文化，跟日本所有企業的典型要求一樣，都非常嚴厲。

村上的臥室一點都不像臥室。第一眼看去幾乎找不到床，所謂的床只是一張長沙發，一頭放著一個泡棉枕頭，另一頭有一件皺巴巴的衣服可能是一條四角短褲。臥室的一面牆完全是玻璃，雖然從公用空間不能直接看到這裡，但實在沒有多少隱私可言。在白色的書架上，有一個大的「古董」Hello Kitty、一個上面都是眼睛的綠色大怪物、一個情色女僕小玩偶、文藝復興時期荷蘭畫家希羅尼穆斯·波希（Hieronymus Bosch）畫中人物的塑膠複製，以及宮崎駿（Hayao Miyazaki）的DVD唱片〔宮崎駿導演的《千與千尋》（Spirited Away）與其他電影中的動畫角色，都是村上心目中的英雄〕，全部井然有序地一一排好。下方則是一系列不同的藝術書籍，包括亨利·馬蒂斯（Henri Matisse）與愛爾蘭畫家法蘭西斯·培根（Francis Bacon）等。我們那天離開時，村上對我說：「我已經拋棄了我的常人生活，好專心從事我的工作，妳不應該以為會從我這裡聽到很多的浪漫故事。」

在我參訪的所有工作室與現場工作場所當中，另外也有一個類似村上的苦行僧單身漢，他也沒有可以休息的地方。我為本書的第二章到洛杉磯做背景資料蒐集與研究工作時，曾經到他位於聖塔莫尼卡郊區的公寓拜訪。他就是艾許。當他領我走進他的公寓「客廳」時，映入眼簾的是滿室及腰的黑色檔案櫃。四面的牆都是白色的，除了少數幾張清單與黃色便條紙外，什麼擺設都沒有。室內唯一可坐的地方是，幾張椅墊已經不成樣子的辦公椅。雖然村上隆複雜的跨國與多重性質的工作室組合，與加州藝術學院「後畫室」的擁抱邊陲與揚棄技術的返璞歸真思想相比，有天淵之別，但兩者都有著共同強烈與敏銳的自我訓練。即使村上的作風在某些方面來說是師法彼得・魯本斯（Peter Paul Reubens）畫室的作法，其他方面則擁抱數位設計的未來，但他的藝術也充分流露出一種驅策他不斷接觸當代觀念藝術的知性動力。

藝術、商品與記憶

那天晚上我們在一家極小卻超棒的壽司店吃晚飯，除了四位我要碰面的美術館人員外，沒有人講英文。席默爾、吉竹美夏、洛杉磯現代美術館館長傑瑞米・史垂克（Jeremy

Strick）、布魯克林美術館的查爾斯・狄斯瑪萊斯（Charles Desmarais）與我坐成一排，啜飲著村上最鍾愛的燒酒加冰塊。我坐在席默爾旁邊與壽司師父對面。這位師父左手關節上有兩條難看的疤，是他習藝時不慎所留。席默爾本是紐約人，但五十二歲的他已在洛杉磯落腳二十六年，在洛杉磯現代美術館擔任策展工作也已十七年。一派和氣的席默爾以舉辦精緻與大膽的展覽聞名，他幾乎是帶著宣教式的狂熱支持村上。他告訴我說：「村上的作品都相當具有挑戰性，每一件作品都不知投入多少精力與腦力。他是為各種年紀的人創作，你可以看得出來這一點。」

席默爾認為，與其說策展人是為展出的藝術家「背書」，不如說是策展人背負著「發揚光大」的使命。他解釋說：「宣布為某位藝術家舉辦畫展，對該名藝術家的市場無疑有影響力，但有時在展出前它就失去了力道。美術館的威信不足以擔保成功，大機構也可能對藝術家的事業有負面影響。有時你會看見各種條件都具備了，但還是不能一砲轟動。」他吞了一口金色的海膽，然後將海膽海菜湯一飲而盡。「真要發揚光大，必須將美術館的特權放在一邊、必須將自己的主張擱在一邊，配合藝術家的眼光。洛杉磯現代美術館辦得到這一點，我們沒有一成不變或食古不化的作法。」

席默爾希望每次展覽都能夠帶動他策展風格的轉變。他告訴我：「事實是我討厭『品牌』

這個字。我是七〇年代末期反文化的人，也是老派的藝術史學者，但我十八歲的兒子卻迷信品牌。我了解這對年輕的一代來說深具意義，它也是村上作品的內在成分，你不可對那麼明顯的事視若無睹。」一盤蓋著綠泥的食物端上來，席默爾對投它以好奇的眼光。「要去體驗村上，必須去體會他作品中的商業成分。」他滿嘴食物地說：「可以收藏的物品，不管是奢侈品或商品，都代表一種實現和圓滿，完成了你心頭的願望。村上了解藝術必須被記住，而記憶跟你買回家的東西是分不開的。」

將一個可以全面運作的ＬＶ精品店，納入洛杉磯現代美術館的村上回顧展，無疑令若干有部落格的藝術工作者驚駭不已，但席默爾辯護這是村上式對體制的批判。他說：「美術館要棄守這塊聖地並不容易，但就這個例子而言，它做的絕對是對的。他們賣的是為這次展覽生產的限量商品。」壽司店的人潮不斷，席默爾用餐巾擦拭額上的汗珠，然後熱切地看著我說：「我從來不覺得選擇有爭議性的藝術家是錯誤的。如果絕對的共識已經存在，就不能發揚光大了，何必展出？」

對展覽擁有最後的同意權

工作坊或畫室不僅是藝術家創造藝術的地方，也是磋商的平台與演出舞台。次日我又回到村上的工作室，看他與美術館的人進行會議。會議地點是兩間四周都是白牆的會議室中比較大的那一間，大家圍著長木桌坐在黑色的皮椅上，村上的兩旁是漂亮而能說英日兩種語言的三十歲女性阪田裕子（Yuko Sakata）與吉竹美夏；前者是村上的紐約業務執行長，後者是洛杉磯現代美術館展出計畫的執行者之一。席默爾坐在村上的正對面，他旁邊坐的是狄斯瑪萊斯與我。

討論議程上的第一項是展覽目錄。穿著恤衫、短褲，頭髮綁起來的村上開始翻閱光亮的目錄大樣。目錄的第一頁是他一九九一、九二年的作品，用來為日本玩具製造商田宮（Tamiya）打市場。第二幀上面寫著「村上：全球第一品質」的廣告畫，無論是內容與線條，都跟後來演變為村上視覺藝術語言的符號，相去十萬八千里，但屬醒目之作。席默爾看著大樣說：「它流露出大膽，這是作品的發展軌跡。」

「你要告訴我們的是，你對顏色與剪裁等各方面的意見。」席默爾很恭敬地對村上說：「有些複製實在是太糟糕，我們把它從全頁縮小成四分之一頁，而借展的作品中，目前只有五〇%印在後面。」席默爾開始不滿地對我們說：「蒐集村上作品的人十分難纏。我在威尼斯碰見一位，他非常不高興村上，不願意把他收藏的繪畫借給我們。」對複製私人收藏印成目錄，藝術家通常都不會收費，但村上堅持要這位收藏家為他掛在自己家中的一幅村上作品的攝影複製付費。席默爾百般爭取同情，終於說服了這位收藏家同意出借收藏，而他的武器是：「我給你看我的恐怖合同！」

村上對爭取自己的藝術家權利與控制自己作品的流向，是付出全力，因此，洛杉磯現代美術館的村上回顧展受四項合約的限制，包括目錄共同出版、宣傳影像的授權同意書，以及跟製造商品有關的超高解析度檔案的使用與處理備忘錄。不尋常的是，洛杉磯現代美術館也發布了一項長達七頁的合約，詳細點明責任歸屬，以及用席默爾的話來說，洛城美館承認村上對「展覽的各方面事物擁有最後的同意權」。

村上翻開下一頁，那是跨頁的村上一九九三年的作品《時間飛船》（Time Bokan），這是一幅受到漫畫啟發的壁畫，紅色的背景上有一個白色的蕈狀雲與骷髏頭，村上顯然找到了他的風格標記與他特有的各種形象造型。他曾在論文與展覽中強烈主張，充斥日本漫畫與動畫中無法令人逼視的強光、類似B29轟炸機的太空船、不自然快速長大的植物，以及暴露在核子輻射下的妖魔形象，是日本文化形式，而不是藝術，它們是日本最痛的集體經驗。席默爾稍早曾告訴我，「落在長崎的原子彈原本要投在村上母親的家鄉。他成長的過程中，不斷有人告訴他：『如果小倉那天不是多雲，你就不會在這裡了。』」

我們一共看了八十多頁，有灰塵或其他有瑕疵的地方，村上都用紅色原子筆圈出來。他用日文在每頁的邊緣從上往下寫，注明若干地方「要多用一點粉紅」或「在灰色中加強銀色」。會議慢慢進行到一個跨頁的插圖，我們看到四個不同角度的大型雕塑《花蘑菇》（Flower Mantango）。席默爾說：「這項作品是本次展覽的力作。」他兩隻手平放在桌上說：「它是了不起的成就，把這樣的線條弄成三度空間。它是如此複雜，顏色的本身就等於雕塑的支架。」村上突然一語不發走出房間。我們面面相覷，非常不解，席默爾緊張地開玩笑說：「太無聊了嗎？」過了一分鐘後，村上回來，手裡拿了一個攝影機放在他眼睛上面，並問席默爾可不可以對著攝影機重複剛才說的讚美之詞。「噢，我剛才說了什麼？」我按照我的筆記把他的話重複了一遍，席默爾的這句話也就錄進了怪怪奇奇的檔案當中。

又討論了二十頁後，席默爾指著全本目錄當中唯一一張記錄生產過程的照片，二十三公尺高的Mr. Pointy正在鑄造師手中成形。他問村上說：「你希望看見Mr. Pointy在工作室的背景當中？還是覺得我們應該特別加以襯托？它在全白的背景上可能效果更好。」村上自己編的目錄傾向探討社會脈絡、歷史先例，並從藝術角度切入點，而席默爾每一項目錄的共同重點是作品的本身。村上摘下眼鏡，仔細看了一會兒，然後堅定地說：「我希望看見藝術家的實際面。」

會議順利結束。村上說：「太好了。」席默爾如釋重負地用日語回答：「多謝！」豪華便當送進來放在桌上，村上一一傳給我們。史垂克在我們就要散會時走進來。吃中飯時，他對我說，身為館長，「前往工作室參觀，樂趣的成分遠超過義務」、「能夠看見未完成的作品是一種特權」。

● 策展人須與藝術家一同承擔風險

吃完中飯後，我們前往洛杉磯現代美術館傑芬館（Geffen Contemporary building）的「娃娃屋」模型參觀。占地三萬五千平方英呎的傑芬館是彈性的倉儲展覽場所，席默爾稱之為「美術館的心臟與靈魂」。在它的模型屋中，有席默爾打算展出的九十件村上作品的模型。他解釋說：「它是一種具有殿堂特質，而且可以進行討論的公共空間。」村上面帶笑容地觀看這個模型。在眾模型當中，ＬＶ精品店與禮品店明顯可見。席默爾利用村上有招牌花朵與章魚眼睛特色的壁紙，布置出幾種「完全可以沉浸的環境」，他也還原了布倫與波一九九九年巴塞爾博覽會完全以村上作品為主題的攤位。席默爾說：「我們在還原歷史裝置，並自美術館內向商業性藝術展招手。」

村上與席默爾已解決雙方之間的大部分問題，因此村上的最後視察其實有點橡皮圖章的味道。村上把手放在頰上，笑了，指了指一個房間模型，又笑了。但是他在研究布置時，突然臉上蒙上一層陰霾；吉竹與阪田兩人妳看我我看妳，然後又看看村上，等待他的反應；席默爾則是少見的沉默。村上捋捋山羊鬍，然後伸手到模型屋中，把六英吋高的保麗龍《橢圓大佛》拿起來，放在模型裡最大的一間展廳裡。席默爾倒吸了一口氣，說：「參與策展的同仁托付我一個使命：不要讓他移動大佛。動它非常花錢，我們需要再雇起重機，會令員工頭痛得不得了。」

村上說：「我只說『關切』，但這是你的展覽。」

席默爾表示：「老實說，我認為我們的決定是對的；比例對，主題也可以充分發揮。」

村上點點頭說：「保羅（席默爾名）你是大廚。我負責出借點子與作品，但你負責為展覽掌廚。」

席默爾回答：「我看能想出什麼辦法。」

村上雙手合掌，彷彿在祈禱，然後在椅子上向大家深深鞠了一個躬。

走出會議室時，席默爾告訴我說：「藝術家對策展人的信心關係到偉大個展的成敗。村上背負著很多包袱，經營了一個規模與實力都與洛杉磯現代美術館不相上下的企業。我們不能矮化藝術家，不能說『我們知道什麼對你最好』。他開玩笑說：「等村上清楚我已經成了他的員工，他的授權會是完全不設限的！」」村上在同意他人發揮創意上的意見，這種慷慨與他對自己的法律權益的堅持，顯然是兩極的對比。席默爾補充說：「我對他未曾挑剔被選中參展的作品，其實有點驚訝。」外面的辦公室依舊在忙碌，我們經過時，若干行政人員抬頭看我們。席默爾繼續說：「時機對專題展也非常重要。推出藝術家最經典作品的回顧展相對於一般性的個人展，會令你忽然感覺到，單單一名藝術家的所有作品，就可以讓人無限滿意。」

「熟悉」與「陌生」會在一個好的回顧展裡相遇結合。席默爾解釋說：「因此，策展人要能接觸所有的材料，他必須與藝術家一同承擔風險。村上的雄心讓我折服；他將自己所有的一切整集起來，然後說：『我們加倍去做。』他對《橢圓大佛》就是這樣的態度。」席默爾本人還未看到大佛，但根據照片，他認為《橢圓大佛》有可能是村上截至目前最重要的一件雕塑。他表示：「在回顧展最後看見藝術家單一一件最了不起的成就，這就是收場的手法。」我們走到電梯時，席默爾用手拂了拂他一頭銀灰色的頭髮，由衷地說：「如果藝術家與策展人高度相契與投入，當我們的名譽全都在此一博，我們都將事業孤注一擲時，最佳的個展就會出現。」

最接近通俗文化的藝術

我們的計程車終於駛抵充滿明快現代風的羽田機場，雖然它只負責國內線的營運，卻是全球最忙碌的五個機場之一。我們排隊通關時，我注意到布倫與波的護照蓋滿了各國的關防印章，說明為要使業務跟得上全球化，他們必須經常旅行。他們藍色美國護照上的老鷹圖像與日本護照上的國徽菊花，對比極為強烈。村上的花朵繪畫通常被視為他作品中最溫和的呈現，席默爾顯然有一次把這些「花臉」稱為糖果，而平諾的顧問席格勒曾回應說：「可是他們是如此可口，就像巧克力牛角麵包，叫你忍不住想吃一個。」不過當我們考慮到村上讓這個民族的徽幟大張其口，而在一個視「張嘴」為粗魯的文化中，無法否認的是，這個形象的確有其挑戰性。

我們拿到登機證，向登機門走去，邊走邊討論村上的工作場所。波用它慵懶的加州腔說：「我們去參觀一間工作室時，我的眼光什麼都不放過，補充性的資訊重要得不得了。真相不僅要從作品中去尋找，更要看藝術家是如何工作、如何行動，以及他們是什麼樣的人。

村上有點麻煩，因為那樣的資訊分散在那麼多不同的地點，而且有一半是在他的電腦硬碟裡面。」我們進入候機室，布倫與波都在椅子上坐下，波繼續說：「村上在元麻布的工作室散發出的訊息是：『我們不是亂七八糟的工作室，我們乾淨、樸拙，而且專業。』他補充了一句：「當然就組織來說它們完全功能失調，不過這不是我們需要的指標。」

村上與怪怪奇奇的隨員也到了機場，四位美方的美術館人馬也隨後而至。大家熱情地打招呼，布倫與村上互相擁抱，然後用日文聊了起來。村上對我說：「再次與提姆（布倫名）重敘友誼非常好。」他已經連續第三天穿綠色短褲，不過身上的恤衫已換上短袖襯衫與一件山本耀司的米色布夾克。波與席默爾交談起來，吉竹與阪田在討論一項清單，史垂克與狄斯瑪萊斯感染了日本人的照相狂熱，拿著數位相機到處拍照，而一名頭髮及肩的日本青年也用錄影機將這一切為怪怪奇奇記錄下來。機場廣播告訴我們飛往琦玉的班機就要登機，我們與眾多日本上班族魚貫登上波音七七七客機。全日空的空服員打著紫色的蝴蝶領結，臉上的妝也是淡紫色的。機上的服務品質超乎想像，這些空服員好像都是照電玩畫出來的一般。

我們一行人在機上的座位安排，幾乎是藝術世界的階級呈現。村上一人獨自坐在商務艙靠窗的1A座位，翻完報紙後，他開始在自己的蘋果電腦上看一個他所謂「真正屬於御宅族的瘋狂動畫。」布倫與波分別坐在2C與2D。洛杉磯現代美術館的人坐在經濟艙的第十八排，狄斯瑪萊斯坐在十九排，怪怪奇奇的六名員工坐在四十三排。村上顯然很快就察覺這種情況所代表的意義，他問吉竹誰是洛杉磯現代美術館階層最高的人，得知是館長之後，他立即問她史垂克是否想換位置，也可以坐他的位置。吉竹請他放心，說史垂克坐經濟艙沒有問題。

飛機升空之際，我向窗外望去，一架尾翼上繪著「神奇寶貝」（Pokemon）的飛機正在下降。我們的飛機掠過煙霧瀰漫的東京郊區上方，飛越了碼頭上無數的貨櫃上方與東京西北內陸地區上的雲層，駛向西北方兩百英哩外的富山。我想起村上筆上的人物經常看起來像在飛行與浮動，即使他的雕塑好像也絲毫不受地心吸引力影響。

● 誠實表現出與商業文化間的關係

幾個月前我在《藝術論壇》訪問時，資深主編羅斯科夫正在為村上隆回顧展目錄撰寫論文。這不是他頭一次寫有關村上的文章。二〇〇三年的威尼斯雙年展舉行之際，他對村上作品的無所不在大感吃驚：「我不管往哪裡看都看到村上的東西；不僅是因為他有兩件作品在威尼斯的科瑞爾美術館（Museo Correr）展覽中展出——『從羅森柏格（Rauschenberg）

到村上隆的繪畫：一九六四—二〇〇三』，你也可以看見村上設計的皮包擺在LV的商店櫥窗，還有非洲移民在街頭賣起仿冒品；收藏家拿的是真貨，觀光客拿的是贗品。村上隆在雙年展中所向披靡，幾乎像一種病毒。這大概不是他刻意製造出來的，但你可以看見他的作品不斷在全球藝術與時尚市場中流動，好像他把顏料注射到整個系統裡。」因為羅斯科夫對雙年展的評論性報導，《藝術論壇》採用了村上隆與他為LV皮包所做的相關圖案設計作為封面。

「相較於村上的作法，安迪．沃荷顯得小兒科，有點像小孩擺的檸檬汁販賣攤或小學生在學校的戲劇演出。」年輕的藝術史學者羅斯科夫說：「沃荷從事的商業活動多少還比較像波西米亞人，而不像藝術大亨；他培養了一堆超級明星，但離開了他的工廠沒有人能撐下去。沃荷若干藝術接班人把通俗藝術提升到藝術的領域，而村上卻將其翻轉過來，再重新進入通俗文化的領域。」羅斯科夫指出：「我在學校裡學的是，現代藝術的前提是與大眾文化對立。如果我要被學術機構接受，我可以辯論說村上是在體制之內從事藝術創作，而目的卻是要將其顛覆。但是所謂的『顛覆』複雜性已經逐漸陳腐，而重要的是，我不覺得它是一個行得通的策略。」他的結論是：「村上藝術偉大的地方，也是潛在令人害怕的地方是，他將他跟商業文化產業之間的關係，誠實而老謀深算地表現出來。」

我聽說村上曾經將他設計的ＬＶ皮包形容為「我的小便池」，因此我想知道ＬＶ委託村上設計的人反應如何。我與該公司創意總監賈科伯斯電話聯絡上時，他人正在巴黎總部。我們一開始交談時，他非常謹慎，將村上稱為藝術家，而不稱為設計家。他解釋說：「他不是把一大堆皮包設計圖交給我，村上創造了我們可以運用到這些產品上的藝術；我們收到的圖稿是帆布畫的形式。事實上，它們很像他後來創作的ＬＶ系列繪畫。」我再追問「小便池」系列時，我聽到他吸進一口菸。賈科伯斯了解藝術世界；他自己也是收藏家，會參加拍賣會與威尼斯雙年展，但他的ＬＶ顧客卻不見得。他淡淡地說：「我是杜象迷，改變一件物品呈現的環境或脈絡，其本身與其內涵都是藝術。這也許聽起來像矮化，但不是。」由杜象的「小便池」（一九一七年作品，其實正式名稱是「噴泉」）是二十世紀最具影響力的作品之一看來，我們大可以把它解釋成村上其實是抬舉自己跟ＬＶ的關係。賈科柏斯滿心期待在洛杉磯現代美術館看到ＬＶ精品店的重現，對村上形容它是「現成之作」絲毫不以為忤。他告訴我：「它不是一個禮品店，而是更接近行動藝術。在一個藝術展覽中眼見目睹人在精品店進進出出，本身就是一件藝術作品，就像藝術已經登上ＬＶ的皮包。」

歷來體積最大的自我雕塑

富山機場很小，只有幾個機門，所有的班機都是從東京飛來。從機場只要走幾步路，就走到要把我們帶到鑄模廠的黑色豐田皇冠豪華車隊。每輛汽車旁都站了一位穿著藍制服與戴著駕駛帽與白手套的司機，我們一到，這些人就立刻替我們打開車門，好像怕我們在一塵不染的汽車上留下髒手印。布倫、波與我進入車隊的第二輛汽車，迎接陣仗這樣盛大，不知情的人恐怕會以為我們是正式的外交訪問團。

布倫如釋重負地嘆了一口氣說：「《橢圓大佛》孕育構思了這麼久，我不太敢相信作品已經完工。這一路走來真是緊張。」我們的汽車穿梭過富山的郊區。富山是一個藍領階級住的城鎮，折扣商店的招牌極大，街道上的電話線也不停在風中晃動。我問他們兩人製造費用如何承擔。波表示：「我們沒有合同，一切都是口頭約定。怪怪奇奇的人會告訴我們預算是X那麼多，如果你是蠢蛋的話，你就會根據那個數字來銷售。等預算飆到X的兩、三倍時，你也不能再回去找村上，重新議價，因為，就這麼說吧，你不會希望自己在房間裡做那樣的討論。因此，一直到作品完成與在任何地點陳設前，我們不會先為作品標價。我們這是從經驗得來的教訓——絕對不要事先銷售作品。」

車隊經過若干農舍與工廠，停在一個藍色大門前，這就是鑄模廠了。工廠的四周是鐵絲網籬笆。我們下車時，聞到一陣燒焦的味道。在這舊工業與新藝術交會的時刻，沒人知道什麼是妥當的規矩，鑄模廠與製造廠的經理站在門口迎接，但顯然不知道應該張臂先歡迎誰。怪怪奇奇紐約的大佛計畫主管與洛杉磯現代美術館的一名技術人員，早我們一個禮拜先行到此觀看八大片雕塑安放就位，他們各自向自己的人馬靠去。鑄模廠十名員工列隊站好，他們的手都放在腰後，眼光顯然不知道應該注視何方。在場的還有富山一家地方性報紙的記者與攝影，他們是來採訪的。

布倫與波在後面等村上，我注意到席默爾半分鐘都不浪費。我尾隨著他走進建築內，仰頭觀看《橢圓大佛》。這個有點像《愛麗絲夢遊仙境》中的蛋頭人（Humpty-Dumpty）角色，正以半蓮花座的坐姿高踞在一個柱子上。它的腹部有螺紋形的刻紋，頭頂是一叢星狀的頭髮，而且前後有兩張臉。前臉上有村上式的山羊鬍、半嗔半笑的嘴巴，後臉則是大口猛張，兩排尖牙畢露，後背且有突起的折狀支撐。這肯定是歷來體積最大的自我雕塑之一了，但不知為何，它散發出來的不是自我膨脹的感覺，而是一種突兀的啟迪。

席默爾說：「真是難以置信！」他的臉上寫滿驚奇。當他注意到整個結構體是坐在一個壓扁的大象上時，他喃喃地說：「好極了！」他走到雕塑的底部，站在大佛頭的下方說：

「我想一旦村上接受這是一尊表現自己的雕塑後，他反倒可以進一步發揮。在此之前，他一直都隱藏自己的身分認同。」這時大家都慢慢向雕塑靠近，席默爾朝上看著佛頭說：「這種幾近不可能的可能性，這樣搖搖欲墜的感覺，這樣的象徵，它很可能會承受不住野心的重量而掉下來。它不是一場隨時可能發生的災難，便是精采絕倫。」這時大家都繞著大佛慢慢近距離觀賞。席默爾對大家宣布：「就吸引參觀人潮來說，我非常幸運；五百年後還會有人對他膜拜祈禱。」宣布完之後，他走向村上。這時村上兩手插腰，默默檢查過去兩週來對大佛所做的一切改動。席默爾對村上說：「村上，這真是美得令人窒息。我們一定盡力把它安放在最佳地點。」怪怪奇奇的攝影師這時趕過來，但他是否趕上那一刻，就不知道了。

● 隱含高度幽默的大佛

我走到沉思中的史垂克身旁，問他在想什麼。「參觀開幕展的人會是什麼樣子」、「參觀開幕酒會的人又如何」、「藝術家之間的對話會是什麼」、「它會如何改變人對村上的觀感」，館長這樣回答我，並表示：「每一種觀眾都會交談，反應會受到強化，到了某個時刻，共識會形成。有時它會需要一段時間，但是像這樣的作品，這樣出乎人意料之外、這樣有力量，一定會迅速在大眾心中留下強烈的印象。人會感到驚訝與津津樂道。」

吉竹一臉不解的神情。她問：「我不懂，這不是太褻瀆了嗎？」顯然這個有兩極化面向的雕塑造型離禪的意境太遠。這位博士生藝術工作者努力想去了解它的涵義，「佛是超越的，它的莊嚴法相是要人寄望來世，但是這個作品讓人不安。」她補充說：「它是我見過的後原子彈時代唯一真正的佛像。村上不是一位有政治意圖的藝術家，但有意思的是，他在這個時候為美國觀眾創造這樣一個作品。」

波非常滿意。「我們要製作十個可供家庭收藏的版本，這是我們下一個計畫。我愛極了這件作品！」布倫也走過來說：「人可以跟這個大佛共同生活，佛的意涵與指涉都還在那裡。」他們兩人雙腳立定，兩手抱胸，好像學童在學校護衛自己的地盤。波說：「它真是太具娛樂性了，可能會到招致反彈的程度。我現在只希望大佛可以裝箱送上飛機。目前我們只有兩英吋的通關許可。」

鑄模工人打開一箱白金色的箔片給富山的記者看。一張十平方公分大小的金屬箔片價格為三美元，厚度比脫落的皮膚還薄，說吹彈得「皺」一點也不誇張。布倫說：「真正的亮相時刻是在洛杉磯現代美術館。白金箔殼遇到碰撞會有很大的變化，以前我們從來沒有碰過這麼複雜處理的箔葉，這也是一個大的未知數。」

村上走過來，擺出他交易商的姿勢，開始交談。後來他沿著大佛走了一圈，跟每位在場的人都說幾句話，輪到我時，我恭維他雕塑中的高度幽默，他的眼光繞了圍在大佛四周的人一圈，並說：「我很喜歡這種刺激感。我自己一點也不緊張，因為我兩週前才看過，對它的品質很滿意。每個部分都有很多故事。」「十年後，你最可能記得今天的什麼事情？」我問他。

「工廠的老闆是個安靜的老人，他一直只是安靜地看著我們工作，後來他終於笑了。」村上說：「還有一名老鑄模師對我說：『真是太謝謝你，你給我們非常好的經驗。』而年輕的鑄模師飯島先生，雕塑部門的負責人，臉上也首次顯露出有信心的表情。」

村上看著自己的作品，神情就像慈愛的父親看著不聽話的孩子，繼續說：「但對我來說，我的感覺是『天哪，這太小了！』我對每一位鑄模師說：『嘿，下一次請加大一倍或兩倍。』」村上將嘴唇的線條往下拉，故意模仿大佛的前臉表情。他問我：「你聽說過謙倉大佛嗎？謙倉大佛是四十英呎高的銅像，在一二五二年所鑄。本來放在寺廟當中，但寺在一四九五年被海嘯沖毀了，此後大佛就站在露天當中。這座佛像一直活在日本人的心裡。」他接著說：「我對《橢圓大佛》很滿意，但我已想到下一步的改變；不是野心，而是單純的感覺：直覺。下一件作品一定要更大、更複雜，那就是我的頭腦。」

7

威尼斯雙年展

The Biennale

六月九日週六中午，威尼斯雙年展明天才對社會大眾開放，但對藝術世界來說，它已經結束。在豪華的齊普里安尼酒店（Cipriani）內，幾位客人坐在白色的大陽傘下，侍者端著一盤剛剛擠好的橙紅色柳丁汁走過他們身旁。「星」級人物一向對齊普里安尼情有獨鍾，它與聖馬可廣場只有咫尺之遙，搭船一下就到了，因此也提供了一個避開威尼斯人潮的好去處。酒店內有一座設有過濾設施的百英呎長鹹水游泳池，池中空蕩無人，我可以忘情其中。一週來看了太多的藝術、做了太多的訪談，加上雨間歇不停，我想利用此時放晴的片刻，在無雲的萬里長空下盡情游泳，舒放身心。要了解當代的藝術，有時非要有後見之明的靈光不可。

今年的雙年展究竟什麼時候開始？對媒體正式開放是週四；貴賓週三可以進入；有特殊良好關係的人，週二就可以溜進來；有時有些人的「雙年展經驗」在他甚至還沒到達威尼斯以前就開始了。像在上一次的大型展覽中，我的「威尼斯雙年展」經驗從倫敦希斯洛機場就開始了——我看見藝術家吉伯特（Gilbert）與喬治（George）在英國航空公司班機閘門前的候機室彼此相對而坐。這對臉頰透紅，身上穿著同款灰色西服的藝術家，坐得筆直，瞪視前方，不發一語。他們曾經在一九六〇年代表現「活雕塑」，一炮打響知名度，因此，看見他們我也感覺好像走入一場表演中。在美麗動人的威尼斯舉行的雙年展，也有這樣的奇異與舞台感。

一到威尼斯就遇見熟人，我就知道雙年展已經啟幕了。幾年前我在馬可波羅機場與陶藝家裴利及彼德．多依格（Peter Doig）一同搭水上計程車，首次體驗到水上交通的速度。如果不遇見紅燈或須為警察讓路，水上計程車的時速可達四十五英哩，我們也因此初次嘗到「威尼斯水上主題公園」的刺激。多依格經常利用照片作為創作來源，最出名的繪畫系列主題是獨木舟，因此全程中他也不斷用數位相機拍照。而裴利則不斷消遣當地的天氣與他帶來的衣服；當然，在他眼中，「熱，是有變裝癖的人最大的敵人。」

一場為尋找新傑作的馬拉松

很多人到達威尼斯所在的威尼多區（Veneto）後，通常會犒賞自己一杯貝里尼（Bellini）雞尾酒。許多人說，飲了一杯用氣泡葡萄酒與桃汁調成的貝里尼雞尾酒，威尼斯雙年展也跟著展開了。我住的是平價旅館，能在齊普里安尼豪華酒店裡游泳，完全是沾了住得起那裡的朋友的光。我住的這棟平價旅館也是許多荷包緊的策展人與藝評家落腳的地方，它有一個酒吧位於大運河上面的大露台上。當我進入酒吧準備點一杯貝里尼時，巧遇一名友人，而散坐在戶外飲酒的人，也不乏來自紐約、洛杉磯、倫敦與柏林藝術世界的熟面孔。這名友人指著群眾說：「他在C級名單上，她在B級名單。」然後又澄清說：「塞洛塔爵士在A級名單上。」「我以前都住葛里提皇宮酒店（Hotel Gritti Palace），但我後來想到一個問題：佳士得老闆平諾都住哪裡？」後來他大談包爾二世王宮酒店（Bauer Il Palazzo）的過人之處；它是一家十八世紀的精緻旅館，與另一家較為現代化的五星旅館包爾酒店（Bauer）是兩碼事。威尼斯雙年展主辦單位為了四天的活動，共發出三萬四千張貴賓證與採訪證，也使它成為藝術界圈內人與觀察家一項全球最大的盛會，形成了「奇怪的無所不容」與「無情的極度排外」兩種極端，而各種集會與活動就在這兩者之間擺盪。

在露台另一端我看見收藏家提格，他曾經在巴塞爾藝術博覽會中，好心地帶我四處觀看。我走過去打招呼，他堅持要倒一杯香檳給我，我於是在一張鐵椅上坐下。提格對我解釋他未來四天的策略：「我非常謹慎地計畫，然後我會完全不管我的計畫，興緻走到哪裡，便跟到哪裡。威尼斯雙年展像一個高中同學會，與會者都很成功，但真實的世界不是這樣。」過去提格在威尼斯雙年展中購買過重要的藝術作品，這次他說自己是抱著「認真、慎重和滿懷敬意的態度」來挖寶。他解釋說，在雙年展中，「你是在為尋找新傑作跑馬拉松，你希望看見一張新面孔並愛上它，有點像『極速約會。』」提格望著白色的欄杆，無數鳳尾船繫在欄杆上，然後又加了一句說：「在威尼斯，連街燈燈柱你都可能愛上。」

幾張桌子外，在一群看起來有點邋遢的人當中，我看見了長腿外伸的鮑德薩利，這位德高望重的洛杉磯藝術家正在啜飲伏特加加冰塊。今年他住在五星級的丹尼里酒店（Hotel Danieli），不過他告訴我，他一九七二年第一次來到威尼斯雙年展時，是睡在一輛福斯（Volkswagen）巴士的車頂上。巴士停在賈丁尼（Giardini）公園區外，那裡筆直的街道上兩旁都有綠蔭覆蓋，區內林立著各國名家設計的華麗屋宇。他們的巴士是配合一個團體的錄影秀需要，鮑德薩利的半小時黑白錄影作品《折帽》（Folding Hat）也包括在裡面。他用一付理所當然的口氣告訴我：「我和我當時的太太帶著兩床毯子就爬上車頂睡在那裡，當時天氣很熱，所以沒大礙。」那時沒有幾個豪華宴會邀請鮑德薩利參加，他說：「如今我接到無數邀請，但通常我都拒絕了。」他帶著滿意的口氣說：「在威尼斯，你可以根據一位藝術家受到多少派對邀請，決定他的行情與身價。」雖然他厭棄社會階級的劃分與「視覺上的超載」，鮑德薩利卻漸漸愛上了威尼斯。部分原因是他欠缺方向感，「我每天早上走出電梯時都會轉錯方向，而在威尼斯每個人都常常迷路。如果我碰見一個十分鐘內第三度在咖啡廳裡坐下的人，我自己便不會自責太深。」

威尼斯的大運河傍晚的交通流量壅塞，水上巴士與六十歐元搭一次的水上計程車快駛過寂靜的黑色鳳尾船旁。英國浪漫時期詩人拜倫（Lord Byron）曾經在威尼斯的運河中裸泳，而如今不管是裸身或是穿游泳衣，政府都嚴格禁止在運河游泳。

● 以城市為主辦單位的展覽

我游了十圈後，游泳池還是空蕩無人。上次的雙年展中，我到這裡來游泳時，曾經看見大收藏家布蘭特與二級市場畫商亞伯托・穆格拉比（Alberto Mugrabi）在長的躺椅上抽雪茄；一名紐約房地產開發商與另一名畫商穿著白色浴袍、頂著大肚皮加入他們；高古軒過來寒暄了幾句便離開了。這一切看在我眼裡，感覺彷彿是佳士得拍賣廳裡的貴賓席主人全都遷到歐洲來了，而且在來的路上遺失了他們的衣服。顯然，在雙年展舉行之際，藝術世界的這一票要角把齊普里安尼酒店的游泳池畔當成了他們的「辦公室」。

雙年展（biennials）不只是一個兩年一次的展覽而已，而是一個超大型的展出，主旨是要抓住一個全球性的藝術時刻。雖然諸如惠特尼與泰德之類的美術館也舉行兩年一度或是三年一度的全國性調查，英文原文也沿用了這個字，但真正的雙年性質展覽要有國際性的外貌，而且主辦單位是城市，不是美術館。威尼斯雙年展（La Biennale di Venezia）首次在一八九五年舉行，在世界性的博覽會與學術沙龍中有其根基；多年來它擁抱泛歐國際主義，但最早的出發點原是要挽救衰退中的威尼斯唯一經濟命脈——它的觀光事業。在威尼斯舉辦雙年展後，巴西的聖保羅也仿照威尼斯在一九五一年舉行了一次雙年展，德國亦在一九五五年於卡塞爾（Kassel）首度舉辦五年一度的「文物紀錄」（Documenta）展覽，展出的特點以知性為主訴求，藝術品其次。七〇與八〇年代全球亦有幾次新的雙年展，例如一九七三年的雪梨雙年展、一九八四年的哈瓦納雙年展，與一九八七年的伊斯坦堡雙年展。而進入九〇年代後，雙年展更是如雨後春筍般不斷湧現，例如阿拉伯聯合大公國的沙迦（Sharjah, 1993）、加州的聖塔菲（Sante Fe, 1995），法國里昂（Lyon, 1995）、南韓光州（Gwangju, 1995）、柏林（1996）、上海（2000）與莫斯科（2005）的雙年展。不像藝術博覽會由參加畫廊負責籌辦，雙年展幕後的結構要有國家的認同，並由其他策展主題來決定。

威尼斯雙年展的結構有如三環，或者說是由三百個環形物交織而成的競技場。光環中央是雙年展的主席；這是一個輪流由資深策展人擔任的職位，主席須監督在兩個場地舉行的國際性展覽，而參加這兩項展覽的藝術家代表的是他們個人，而非國家。其中一個展覽地點在賈丁尼區最大的美術館，這個一度被稱為「展覽宮」（Palazzo dell'Esposizione）的大展場，在墨索里尼時期的藝術宣傳負責人主導下，披上了法西斯色彩，並更名為「義大利館」（Padiglione Italia），雖然裡頭的展示品並非全然是義大利的設計與創作，也經常與展品以義大利國內藝術為主題，名叫「義大利館」（Padiglione Italiano）的展覽館混淆，但「義大利」一名卻仍留了下來。另一個更大的國際展覽在阿森納爾區（Arsenale），這裡是一個龐大的船塢，是威尼斯海上強權時代的遺址。今年的雙年展主席是羅伯・史托爾（Robert Storr）教授，他也是首位獲得此一挑戰與高度榮譽的美國策展人。

競技場中竭力爭取全球注意的第二環是，七十六國的國家展覽館，裡面展出的是代表這些國家的藝術家作品，而且通常都是個展形式。西方與第一世界的當代藝術活動與作品被安排在賈丁尼的展覽館展出。然而今天在這麼多國家都希望參展的情形下，雙年展的展場已經蔓延到政府機關、私人基金會、教堂、倉庫與威尼斯各地的公共建築，好讓代表各國的藝術家都有表現的機會。雙年展的最外環是一百多場次的官方與非官方展覽，包括私人收藏、特別行動藝術與其他附屬性質的藝術活動，都在這裡爭取你我的注意。

● 用感覺去思考，用頭腦去感覺

在對貴賓開放的星期三，我快步穿過賈丁尼區的展場，直接走到義大利國際館，展開我觀展的第一部分，注意到這次國際展的主題是「用感覺去思考——用頭腦去感覺：現在式的藝術」，在大廳中央陳設著一件大型的創作《五朔節／殺光》（Maypole/Take No

Prisoners），這是甚少曝光的八十一歲藝術家南西・史佩洛（Nancy Spero）二〇〇七年的作品，作品由兩百件繪畫組成，它們不是滿面帶血，就是舌頭外懸的頭顱。隔壁展廳展出的是尼加拉瓜裔美國居民歐狄力・歐狄塔（Odili Donald Odita）用壓克力製成的稜線分明的抽象作品。再往下的一間屋頂挑高凸起的展覽大廳中，是席格默・波爾克（Sigmar Polke）的六幅大型繪畫與一幅巨大的三聯作品。德國籍的波爾克不但在顏料使用上標新立異，強烈的色彩揮灑到透明聚酯纖維畫布上所呈現的特有金色，也同樣獨樹一格。收藏家不斷對作品發出驚歎、畫家們與代表他們的畫商在檢查作品狀況；眼睛像老鷹一樣的策展人與藝術批評家不斷針對展品做出反應，其中一個讚口不絕，另一個只淡淡地「嗯」了一聲。

我走過自然採光的展廳，眼光掃過美國極簡風藝術家艾爾斯・凱利（Ellsworth Kelly）、剛果畫家薛力・森巴（Cheri Samba）、德國藝術家李希特與美國藝術家羅柏・雷曼（Robert Ryman）等人的作品。如果不是有太多應酬要應付與太多不停的談話聲，這會是一個相當好的沉思與觀想經驗。然後我停下來觀看片長十八分鐘的三十五毫米電影《桂蔚桑》（Gravesend），這部由英國泰納獎得主史蒂夫・麥昆（Steve McQueen）執導的電影，部分是在剛果的鈳鉭礦（Coltan）區所拍攝。我也站著看完一齣長達十一分鐘的皮影戲錄影，它的主題是「性與奴役」，拍攝人是卡拉・沃克（Kara Walker）。非裔的沃克是美國籍，她的作品名稱是引自小說家洛夫・艾利森（Ralph Ellison）的《隱形人》（Invisible Man），這項作品的名稱中，尚有「自灰色恐怖大海憤怒的海面向我呼喚」之語句。看完之後，我又觀看了加州藝術學院畢業生馬立歐・葛西亞・托勒（Mario Garcia Torres）的黑白幻燈秀。三十一歲的葛西亞是加州藝術學院，教授後畫室批評課程的艾許之高足，我去旁聽時，他剛好也在教室裡上課。巧的是，葛西亞的作品《海力法發生的事留在海力法》（What Happens in Halifax Stays in Halifax）三十六張幻燈片記錄的是三名學生重逢的事，他們都參加了一九六九年在新斯科地亞藝術設計學院（Nova Scotia College of Art and Design）的一項傳奇性研討會，情境與我在加州藝術學院旁聽與觀察的有些類似。

我看完二十七歲的巴勒斯坦藝術家艾蜜莉・賈瑟爾（Emily Jacir）的《影片材料》（Material for a Film）後，與史托爾不期而遇。高大英挺的史托爾頭上戴著巴拿馬草帽、臉上戴著眼鏡，身上穿的則是一件米色外套，好像是要去狩獵。他是耶魯大學藝術學院院長，為了承辦這次雙年展，特地向學校請了假。此刻他看起來累壞了，也有點孤獨的感覺。他告訴我：「這次雙年展的意外狀況與幕後的政治鬥爭，實在是多到一定程度，能夠熬到今天不知歷經多少困難。我這樣說一點也沒誇張。」

●在不同藝術中創造不同的組織紋理

幾個月前，我在倫敦的勒卡皮里斯（Le Caprice）餐廳訪問史托爾時，他有精神多了。史托爾右手能畫，左手能寫；畫的成就有目共睹，文章更是極具說服力。對我各種粗淺的問題，他都一一耐心地答覆，例如，我問：策展人做些什麼？「策展人的工作是把藝術品呈現在你面前，如果他沒有這麼做，你就不會去注意這些藝術。而且他們喚起你注意的方式，極具有意義。」在負責威尼斯雙年展之前，史托爾以精湛的專論及為紐約現代美術館策劃精緻的個人展聞名，因此我問他要辦好一個團體展須具備什麼條件？他的回答是：「展出傑出的作品不是重點，選擇最好的四十件作品也不是重點；重點在於能從不同藝術中創造出不同的組織紋理，而在它的襯托下，個人的作品也能表現出更多的意義。」

我再問他雙年展是否應該抓住時代特色。史托爾皺了皺眉頭說：「我是辛勤苦幹的美國人、五十七歲的盎格魯撒克遜後裔，我的性情不是會去猜測時代特色的人，我也不會去證明自己『掌握』了時代的律動。我們只是設法不斷前進，與正值創作顛峰時期的藝術家合作——不管是他們是不是處於被社會接受的顛峰狀態。」

史托爾對他所謂的「現在式」更有興趣，他提起長期寄居在威尼斯的美國詩人艾茲拉・龐德（Ezra Pound）的名言：「經典永遠是新聞。」並補充說：「就注意到它的人來說，偉大藝術的價值永遠不會消失。雖然我是五十多年前『製造』的，但我活在現在式。」

對雙年展「作者」這個高度受矚目的頭銜，史托爾並非那麼怡然自得，他認為策展人的地位多半都過於膨脹，「如果做得好、做得對，策展人當然很光榮，它也是職業上的必要。但要把策展人捧成明星、企業家或舞台經理，對任何人都沒有好處。」他停了半晌，又說：「我的責任是讓人把注意力放在我策展的一百零一位藝術家的作品上。」不過他不是太樂觀，「我想我一定會受到一番狠批，它跟決定藝術世界如何運作的客觀因素有關，而裡頭有一個因素是：有些人覺得有必要時不時就修理別人一下。」

威尼斯雙年展主席的職位尤其是一杯苦酒。它是尚未放棄親手籌辦展覽的策展人之夢想，但是被選中的人經常在雙年展開幕前後與舉行之際，被批評得體無完膚。雖然策展人都高唱合作，也的確針對策展與展覽合作，但內情是，裡面的競爭並不亞於收藏家在拍賣廳中以競標壓倒他人。事實上，有些策展人專以拉幫結派進行破壞為能事。

對史托爾來說，策劃威尼斯雙年展最棒的部分是可以做研究，並蒐集資料。「我到很多地方去，看了很多藝術。如果不是因為策展，我沒有機會看到這些藝術作品，我非常感激有這樣的機會。在專業上我因雙年展而獲益良多，因為未來我還是可以利用過去看過的東西來策展。預測全球化使全球文化一致化的預言是錯的，因為我們分享的共同資訊固然多，但是有人卻用它來做極為不同的事。」

展覽須觸及當代藝術的神經末梢

雙年展對貴賓開放的週三傍晚，塞洛塔爵士與泰德現代美術館國際委員會在葛拉西宮舉行了一場雞尾酒會，宮中並獨立展出平諾的八十多幅收藏。佳士得的老闆平諾已將葛拉西宮買下，並將這棟威尼斯共和國垮台前要建的最後一個三層宮殿，整修得煥然一新；華麗的彩繪天花板、壯觀的石柱，以及從二十英呎高白色刨花板牆壁後透出的粉、米二色大理石，讓人感到美不勝收。新聞稿上說：「白色的分隔設計與建築本身進行一場低調的可敬對話，同時也為藝術展覽建立了理想的條件。」新聞稿信封袋中還有一張字條說：「村上隆受委託創作一件特別的巨幅繪畫，題目為《727-272 Plus》，作品將不日展出。」

泰德現代美術館館長塞洛塔乘船而來，比預定抵達的時間晚了十分鐘，也比他瑞士鐵路手錶設定的時間晚了二十分鐘。他為要看展，先在建築一角消失了蹤影，然後又在樓下提供香檳與開胃菜的天井出現。他對我說：「我們在全球有很多的支持者，很多人都來到威尼斯。平諾允許我們借用這個場所非常慷慨，他對泰德一直都很支持。」

我請教他來到威尼斯雙年展都看些什麼？他回答說：「在不同國家的展覽館中有幾個意外的發現，對雙年展主席也有高度的評價。史托爾有三年的時間做研究準備雙年展，所以能有機會對重要的當代藝術推出與眾不同的觀點，而不只是提出一項『報導』而已。過去有段時間威尼斯雙年展是難消化的新聞——上週我在約翰尼斯堡還是其他什麼地方就有這種感覺。」塞洛塔一手插腰，一手托著下巴，又加了一句：「一個人能不能獨力策劃一場將全球都包括進來的展覽，我現在有點懷疑。」

出席雞尾酒會的人漸多。我的眼光從塞洛塔肩上望去，看到歷任泰納獎得主；艾柏茲與提奇納在跟泰德英國美術館的一名策展人交談。在四個展覽地點，泰德一共聘請了六十五名策展人。塞洛塔說：「好的策展人非常注意藝術家和他們關切的事，但並不受他們的限制；他們不只是展出自己最喜歡的藝術家，而是有義務去碰觸當代藝術的神經末稍。這表示要去注意藝術家所探討的事務、他們在創作什麼東西，即使是你個人並不見得受其吸引。」

我問塞洛塔他是否曾想過要策劃一次雙年展，「一九八〇年代末期我曾經想要策劃『文物紀錄』展覽。如果我們沒有來泰德，而且一直在找一件合適的事來做的話……，可是那個時刻已經過去了。」他答覆我問題的同時，也不動聲色地對現場觀眾做了調查。「我不確定是否有人對我的觀點感興趣；在某個程度上，我的觀點有一定的對象。」塞洛塔注意到他需要跟某人打招呼，便說：「威尼斯不應該被看得太重，或以為它是重要藝術的測量計。」以這句話結束了我們之間的談話。

● 要有冒險精神

我旁邊是六呎三吋的高大壯碩的墨西哥策展人古泰馬克・梅迪納（Cuauhtémoc Medina）。梅迪納在泰德現代美術館的拉丁美洲部門，擔任副策展人的工作，也是墨西哥國立自治大學美學研究所（Aesthetic Research Institute of the Universidad Nacional Autónoma de México）的學者，他正在跟一位一頭灰髮與拿著一根拐杖的人談話，後來我才知道那人是阿根廷激進的藝術家李昂・費拉利（León Ferrari），他的基督釘死在一架美國空軍飛機上的雕塑，在阿森納爾區的展場引起很大的回響。

梅迪納受到墨西哥權威報紙《改革報》（Reforma）的委託，要寫一篇評論威尼斯雙年展的文章。很多展館他還沒去，但他已經對史托爾策劃的國際展有很強烈的意見。他對展覽流露的保守氣息感到失望，並認為可能只有費拉利、法蘭西斯・艾里斯（Francis Alÿs）、瑪琳・修戈尼爾（Marine Hugonier）與葛西亞例外。「雙年展永遠有兩件事應該避免：正確與枯燥。透過在美術館的展品，藝術家應該享有最佳的空間。這次的雙年展既未挑戰成規，也未對當代藝術形成辯論。史托爾的口味好像仍離不開紐約現代美術館。」

梅迪納的看法是，美術館與雙年展的區分比以往更加模糊，而且是往壞的方向走。「雙年展是要把事情往前推動，它應該把若干不穩定的因素帶到制度中，而不複製共識；它應該有冒險精神，而不是反對冒險。」梅迪納讓人想起已故的哈若德・施齊曼（Harald Szeemann），這位在全球奔波的策展人一九八〇年在阿森納爾首次推出了年輕新秀的作品。施齊曼在二〇〇五年以七十一高齡故世，生前的名言是：「全球化是藝術最大的敵人。」他的特長是舉辦大型展覽，而展出的全是有地方性新貌的作品，他也被公認為是全球第一位由自由策展人轉變為藝術明星的人。梅迪納解釋說：「威尼斯已成了一股百川皆納的重要力量，施齊曼也是基於這個原因把阿森納爾的展覽稱為『開放空間』。史托爾策畫的雙年展封閉的地方比開放的多。」

梅迪納說話之際，我注意到他的頭髮是濕的，運動鞋也是濕搭搭的。他有點不好意思地解釋說：「我搭墨西哥展覽館雇用的高船，舵手是一名年輕人。有一道橋船過不去，他就讓船靠岸，然後要我跳船。」體重不輕的梅迪納沒跳到岸上，掉了進河裡。他說：「掉進河裡有點噁心，我得游八十英呎才能上岸。威尼斯的河水是出名的混濁骯髒，若是掉到河裡，有人覺得馬上會因感染而喪生。我喝了幾口河水，很鹹，沒什麼特別。」

梅迪納告訴我，他一生不知道跌倒過多少次。有次他當著比利時出生的畫家艾里斯的面摔倒。這個在倫敦海德公園出現的摔倒鏡頭，啟發了艾里斯的靈感，創作了一系列的繪畫、數十張素描和好幾部錄影作品，包括一個一分鐘長的動畫《最後的小丑》（The Last Clown）。艾里斯在影片中記錄一位穿西裝的男子在走路，腿無意間碰到一條狗的尾巴而摔倒，影片的背景音樂是輕鬆的爵士樂加上人工笑聲；一般社會大眾常認為藝術家不是弄臣，便是荒謬的人物，咸認為艾里斯的這項作品是針對這種社會心態有感而發。因此，看見影片中借題發揮的對象其實是策展人時，更讓人也不禁發出會心的微笑。

● 與《藝術論壇》的使命相同

傍晚八點過後，我走出招待酒會，在葛拉西宮外的車站上了一號水上巴士，一上船我就看見了《藝術論壇》的一票人，包括葛里芬與顧里諾。葛里芬認為威尼斯雙年展與《藝術論壇》的使命相同，同樣要「抗拒最新的盲目風潮」，而顧里諾則表示，「在威尼斯，好的策展人是能夠存活的策展人。雙年展徹頭徹尾是義大利人的作風——毫無組織、虎頭蛇尾，而且謠言充斥。義大利籍的主辦人似乎比較不會被刁難，因為他們是在自己的地盤；傑曼諾．塞里安（Germano Celant）像一個自己拼裝飛雅特（Fiat）汽車的機械師，能一手把雙年展拼湊起來，可是有時候主持雙年展的策展人完全沒有頭緒與章法。」水上巴士顛簸地駛往下一站，顧里諾繼續說：「不管是哪一種人來主辦，國際性的威尼斯雙年展都會看見策展人想表達某種含混不清的論點，可是它們既不能證實，也無法加以否認，而且展覽接納的藝術家之多，遠超過我們所能欣賞。」顧里諾素來不對威尼斯雙年展缺席，紀錄已連續保持了二十六年。我問他在這裡要尋找什麼，他回答：「每個人都可以對自己的的雙年展計畫吹牛，但如果問我要找什麼，通常我要找的是我要招待吃晚飯的人。」

水上巴士的義大利文是「蒸氣船」，但一路上都聞到陣陣的柴油味。我們沿著運河曲折前行，先經過佩姬．古根漢收藏館（Peggy Guggenheim Collection）——一個只有一層的奇怪建築，但是屋頂露台非常得天獨厚，再經過葛里提宮殿酒店，它的瀕水露台餐廳上四周擺滿了盛開的大朵天竺花。我在聖薩卡里亞站（San Zaccaria）準備下船時，看見隆斯岱在等八十二號水上公車。他跟自家李森畫廊的員工正要前往亨利餐廳（Harry's Dolci）吃戶外大餐，他邀我同去。他說：「在每次的雙年展裡，親朋好友都會重新排列組合。」至於藝術的組合，他一語雙關地說：「美術館像動物園，而雙年展則像去狩獵；你開了一整天的車，看到幾十頭大象，而其實你真正想找的是獅子。」

離我們站的不太遠的地方是歌德式建築道奇宮（Palazzo Ducale），在拿破崙占領前，它原是威尼斯政府所在與總督府，現在則是觀光客人潮最多的地方之一，不過裡面可以看見義大利文藝復興時期的威尼斯畫家如提香（Titian）、丁托列多（Tintoretto），以及法蘭德斯（Flemish，位於現在的荷蘭和比利時交界）畫家波希（Hieronymus Bosch）的作品。

我問隆斯岱為什麼我們對新東西那麼感興趣？

他幽默又略帶嘲諷地說：「很可能是商業陰謀。這種『當代』的『當代感』，非常令人沉迷，而且其實是充斥整個文化當中消費主義的一種反射。」隆斯岱的心情顯然很愉快，「如果對了你的胃口，可能很好玩。」

多年來，隆斯岱經營的李森畫廊安排過很多畫家在威尼斯雙年展中展出，他說：「在眾多混淆當中，如果你把全付精力都投在某件事情上，你有五〇%的機會造成轟動，但是如果無法造成轟動，就恐怕會完全無聲無息。」

充滿地緣政治的展館

回到齊普里安尼酒店，一對英國夫婦在游泳池中；先生在水中飄浮，太太優雅地游著蛙式。她告訴我她覺得美國人在游泳池中上下來回游動、表現他們過人的運動才華，是非常「惱人」的事，當我告訴她我是加拿大人時，她馬上對我說，今年的加拿大館是二〇〇一年以來表現最好的一次。在雙年展中，每個人對國籍代表的意義都非常了然於心。根據佩姬・古根漢收藏館（它經常充作美國駐威尼斯的臨時領事館）的常設展負責人菲利浦・芮能茲（Philip Rylands）的說法，「民族主義是讓威尼斯雙年展有張力與盛久不衰的原因之一。沒有各國展覽館與數十國申請參加，雙年展一定會像義大利的公共事務一樣難以為繼，且會慢慢成為三年展或四年展，最後無疾而終。」

週四開始下起毛毛雨來。早上十點，賈丁尼區展場的雙年展員工站在門口讓有採訪證的人進來；穿著棉麻衣料的衣服與輕鬆的鞋子，記者們從容地進入展場。賈丁尼展場內展現的是各種迪士尼化的建築風格。有民俗風的匈牙利館面對呈幾何圖形的荷蘭館；斯堪地那維亞建築師留有大量通風空間的玻璃建築，與俄羅斯的迷你克里姆林宮互相輝映。我站上一個刻意製造出來的小型高原上，法國館（一個小型的凡爾賽宮）、英國館（原本設計成一間飲茶廳）與德國館（改造過的納粹遺留）在這裡三足鼎立。德國館原是建築師恩斯・海格（Ernst Haiger）三〇年代末期的法西斯風建築，而今年的雙年展中，這個建築之外披著女設計師伊薩・根澤肯（Isa Genzken）設計的一層橙色網狀物，象徵性表示對納粹建築的拒絕。

賈丁尼展場內的地緣政治軸心充滿了一九四八年的風味。三分之二的展覽館是歐洲國家的展覽館，他們位處「要津」，展館的建築結構規模也相形較大。另外五個分別是南北美洲國家的展覽場地（美國、加拿大、巴西、委內瑞拉與烏拉圭），兩個館是亞洲館（日本與南韓），澳洲則在所謂「邊陲下方」；以色列館緊靠著美國館；場內唯一的非洲與伊斯蘭國家是埃及，它的展覽館位於賈丁尼展場的最後面，不充分利用地圖的話，根本不知道這個館的存在[1]。

受到我新祖國的召喚，我走上「新帕拉底歐式」（neo-Palladian）、用義大利文標示的「英國」展館台階。館內的五個展覽空間盡是艾敏新的繪畫、素描、木棍雕刻與她的霓虹詩作；她一九九〇年「墮胎」水彩畫系列中未展出過的作品，其中亦包括若干她著名的張開大腿的自畫像。穿著白色喇叭褲與露出黑色胸罩的艾敏極為引人側目，她在接受瑞士一家電視台訪問時表示：「女性主義發生在三十年前。由於紐約「游擊女孩」（Guerrilla Girls）

1 類似沙烏地阿拉伯之類的富有國家並未設館參展，說明藝術的發展非僅關乎財富。

的勇於突破社會拘束，我可以穿著聖羅蘭（Yves St. Laurent）與亞歷山大・麥昆（Alexander McQueen）的設計，大方地站在這裡展示我的乳房。」至於能夠代表英國參展，艾敏表示「是民族主義甜美一面的呈現」；艾敏承認「我的問題在於我無法保密」，這跟一般人心目中對英國人「什麼都不對外人公開」的印象恰好相反。

● 參展的藝術家須最能代表該國現狀

幾乎每一國的展覽館都看得見代表參展藝術家的畫商。若干國家的展覽館公開表示限制銷售行為；若干展覽館不反對銷售，負責該館的官方機構甚至還可以對銷售抽成；針對有些畫商宣稱銷售是在雙年展閉幕後達成的現象，出現了第三種安排：畫商負責建館、交通運輸與酒會的開銷，換到的是他們可以像在自己的畫廊裡自由進行交易。後者也是目前最常見的一種安排，不過參展單位好像都不太願意對媒體談這件事。

代表艾敏的倫敦藝廊「白色方塊」，負責人之一是提姆・馬洛（Tim Marlow）。他在艾敏藝展的前廳流連，活像從男性時尚雜誌《GQ》書頁中走出來的模樣。我避免問馬洛有關銷售的不識相問題，改問：「英國藝術中的英國精神是什麼？」他流利地回答：「目前最主流的文化典範是多元主義。英國藝術分歧性極強，不過我想英國藝術家經常需要面對的是文學支配英國文化的現象。艾敏說故事的本領一流，用她自己的話說，她是『滔滔不絕的表現主義者。』」馬洛停了半晌又說：「大概很多英國藝術中都有那種低調的幽默——通常可見於赫斯特、艾敏、吉伯特與喬治、傑克與狄諾斯（Jake and Dinos，又名查普曼兄弟，the Chapman brothers）的作品。這與德國與美國觀念藝術中的乾燥特質非常不同。」

我問他為什麼艾敏被選中代表英國，馬洛指指展廳另一頭的安德莉亞．羅斯（Andrea Rose），示意我可以問她。穿著白色套裝的羅斯是英國協會（British Council）視覺藝術部門的主管，負責在全球提倡英國藝術。她告訴我：「我不喜歡使用『利用』這個字眼，但我的工作是利用藝術在海外服務英國的外交政策。此刻我們的優先是中國、俄羅斯、伊斯蘭世界與非洲；西歐國家是名單的最後幾名，北美根本不在名單上頭。我們不是推銷政治路線，最多也不過是說辯論的自由是一種非常重要的自由形式。英國協會旗下有七千多名員工，在全球一百多個國家工作。雖然視覺藝術只是該組織的一個小單位，但羅斯卻有資格說：「只要你提一個雙年展的名字——伊斯坦堡、聖保羅、上海或是莫斯科，大概都會看到我們。」羅斯認為，這些雙年展讓遠離藝術世界中心的人能夠一睹他人所見：「雙年展把人安排到不同凡響的國際對話中，讓人對其他地方流行的思潮也能夠有切身的聯想。」

不過英國協會與大多數國家的文化單位在海外設立的駐外辦事處，全球各國當中也只垂青威尼斯這個地方。在每一屆雙年展開幕的前九個月，羅斯都會召開一個由八名專家所組成的委員會，針對當代藝術這個項目，選出一名代表英國的藝術家。她解釋說：「威尼斯像一種競技的馬戲團，我們必須選出正確的人，好隨時表現出藝術。雙年展也是非常世俗的事，不是每一位藝術家都能勝任愉快。我們選出參加威尼斯雙年展的藝術家，不見得是英國的最佳藝術家，但我們希望此人可以代表英國的現狀。威尼斯雙年展的困擾是：你要選擇締造歷史的人？還是確認歷史的人？」

每個國家選擇藝術家的官僚過程不同。德國也跟英國一樣有一個官方文化機構——歌德研究院（Goethe Institute），是德國館的負責機構。美國館的主人是古根漢美術館，但無權決定美國館的展出內容；它是美國國務院邀請藝術界人士提出申請，再由全國藝術基金會責成遴選小組負責審核。有時沒有興趣或財務有問題的國家會婉拒威尼斯雙年展主辦單位的邀請，例如二〇〇五年，半官方的印度館是由一名畫商受理建館事宜，但今年跟上一屆印度都未設館。今年在黎巴嫩一個社群的成員出資協助下，雙年展中首次有黎巴嫩館，五位住在貝魯特的藝術家獲邀展出作品。不過他們雖有政府的支持，財務卻須自理。

• 能在政治上起最大作用的才是贏家

我「滿載而歸」地離開英國館，手上拿著他們贈予的禮品——一只購物袋、一份目錄、一些刺青貼紙與一頂上面有「經常想要你……崔西・X（艾敏）」粉紅色字體的白帽。接下來我轉往美國館參觀。美國館看起來像一個小型的州政府建築，策展人南西・史派克特（Nancy Spector）正沐浴在大廳一個發光大雕塑所散發出的光輝之中。這個定名為《無題》（Untitled）的雕塑，是古巴裔美國藝術家費里克斯・岡薩雷茲・托雷斯（Félix González-Torres）的手筆，他已於一九九六年死於愛滋病併發症。若干人不滿美國經過那麼多年之後才展出這件作品，也有些人認為美國館應該展出還活著的藝術家作品。一名策展人甚至憤慨地表示：「也許下一次美國會決定展出擔姆斯・麥尼爾・惠斯勒（James McNeill Whistler）的作品！」大家共同的感覺似乎是：時機不對；館內雖美，但像一場喪禮。

美國館內招待會的氣氛顯然不及二〇〇五年展出魯夏作品時的熱烈。〇五年時，魯夏一九九二年「藍領」時期的五幅黑白繪畫，與他另外五幅以洛杉磯同一地點為主題的新作一同展出，當時美國進攻伊拉克不久，而這個以「帝國演進」（Course of Empire）為主題的畫展，有一股滿足人們期待的新鮮與歷史感。魯夏也曾在一九七〇年與其他幾位藝術家在美國館展出，當時他製作了幾百幅紙上巧克力的絹畫，掛在展廳四周的牆壁上，創造出有強烈裝置藝術味道的《巧克力室》（Chocolate Room）。二〇〇五年他在美國館挑大樑展出個展，表達的是空間的暗喻與動態變化。他跟策展人琳達・諾頓（Linda Norden）與唐娜・德薩瓦（Donna De Salvo）私交甚篤，後者代他提出了代表美國在雙年展展出的申請。魯夏用他帶有美國中部腔的英文對我說：「我的掛畫技術糟透了。我只會走進室內，把一件我認為最好的作品，用最快的方式掛在最容易掛的一個牆面上，如此而已，其他問題則是那些高明的女士替我解決。」魯夏毫不隱諱地說他不了解自己是怎麼脫穎而出代表美國，「這涉及到政治，當然也會考慮一些藝術天分以外的因素。美國聯邦政府若干辦事的官員在招待酒會上出現，他們人不錯，但都是不怎麼有趣的官僚型。」

走出美國館，迎面而來的是熱情向我招呼的席默爾夫婦，席默爾正忙於策劃村上隆的回顧展，於百忙之中抽空到歐洲短暫休假。關於美國館展出人的遴選過程，他嘆了一口氣說：「我的紐約現代美術館同僚安・戈斯坦（Ann Goldstein）一九九五年推薦岡薩雷茲－托雷斯展出；我那年推薦的是波頓，後來也曾為夏雷・瑞伊（Charley Ray）與昆斯提出申請。人選的決定關鍵不是藝術家作品品質的問題，也跟他是否有能力一鳴驚人無關，最後一切都跟展出能不能配合更大的主題，以及誰在那個時刻能在政治上起最大的作用。在這種競爭下，我經常只是扮演陪榜的角色。」

毛毛細雨變成了傾盆大雨，我們分手，接著快跑進入一家咖啡廳，排隊要買一個義式三明治，這時身上的白色長褲上已經泥痕滿布。等雨勢稍歇，我才猛然想起自己沒去加拿大館參觀。加拿大館被安排在英國館的後面，用一名策展人的形容，像是「祖國的園丁使用的工具房或廁所」。加拿大館是一九五四年建的一棟圓形椎頂、近似棚屋的建築，斜斜的牆面經常令參展的藝術家不知如何是好。我進去時不抱太高的期望，但是看到大衛．艾姆德（David Altmejd）奇特的玻璃鑲嵌作品時，完全懾服了。三十二歲的魁北克人艾姆德創造了一個半為北方林地、半為閃閃發光玻璃精品店，強調環保意識的「全面環境」（total environment）。我正看得忘我時，遇見了艾姆德的紐約代理人安德莉亞．羅森（Andrea Rosen）與他的倫敦代理人司圖．夏維（Stuart Shave），然後我又遇見了希臘的超級收藏家達吉斯．喬安諾（Dakis Jouannou），後者顯然想要買下這個作品[2]。我再度回頭看艾姆德的作品，進入一個裡頭有鳥類標本與狀似陽具的真菌之鏡子衣櫥中，想捕捉那種「身在其中」的感覺，而不是只是在看某種藝術。

● 每間展館都自成一個世界

出去時我碰到伊娃娜．布拉茲維克（Iwona Blazwick）。她是倫敦白教堂畫廊（Whitechapel Gallery）的負責人，她原本要把加拿大館從她的走訪名單中剔除的。有一頭長長的金髮，

2 — 加拿大館包含兩件作品，喬治．哈特曼（George Hartman）買下一件贈予安大略美術館，另一件由喬安諾買下。

臉上綻放燦爛笑容的布拉茲維克，不同意策展人是藝術世界最無趣的人這種說法。我問她對加拿大館的觀感為何，她回答：「了不起！艾姆德把加拿大館轉變成一個奇珍館！」她把地圖塞進皮包中，繼續說：「我喜歡走出日常生活的例行公式，融入一種觀念或在美學上有意義的事。我其實過夠了日常例行公式。」許多人認為不同國家的展覽館不過是落伍的時空異置，因為其所揭櫫的奇特國家概念，在全球化的重量壓迫下，顯得搖搖欲墜。布拉茲維克雖然承認所謂國家的流派與風格毫無意義，但她對各國的展覽館卻喜愛有加，因為它們具有「烏托邦」的潛能與內涵。她解釋說：「這些展館沒有什麼作用，這也代表藝術家可以自由創造具有自主性的東西。」她碰到熟人，向他們點頭為禮，並一同在館內觀賞，且繼續對我說：「那種可以稱作『我近年作品』的展覽經常令人失望，但是當藝術家把展覽館當宣言來表述，當他們運用展館各種不斷在變的因素、建築與歷史條件時，你會看到真正有意思的東西。」

布拉茲維克給了我一份傳奇性的展覽館名單。一九九三年，哈克將德國展覽館的地板砍得粉碎，布拉茲維克解釋說：「這是首次有藝術家將整個展館當作一個意識型態的象徵結構。」二〇〇一年，路克．圖伊曼斯（Luc Tuymans）在比利時館中首次展出一系列備受好評的剛果繪畫，對比利時的殖民歷史做出一項表述。二〇〇三年，歐菲利將英國館轉變成

「非洲特色中的一個綠洲，他想像中的失樂園」。二〇〇五年，安妮特．梅森哲（Annette Messenger）將整個法國館包起來，並在展館前方寫了一個「賭場」的字樣，把法國重塑為漫無法紀的冒險樂園。布拉茲維克的結論是：「這些展覽館令人過目不忘，因為會引人沉浸其中；它們不是世界的窗戶，而是自成世界。」

受到她熱忱的感染，我不禁猜想，作為一個專業的藝廊工作者，她是如何設法全心全意地注意藝術。她坦白說：「威尼斯是一個大的派對，預展提供你廣結人脈的機會與經驗，你在裡頭只是匆匆瀏覽，可是你是有備而來。預展之前通常都會接到許多新聞預告，我會對自己之後想進一步了解的東西加以注記。」可是雙年展的藝術作品數量之大，一個人可能無法注意到會改變他一生的東西。「我有次走到匈牙利館，走進去又走出來了。我想：『六個黑盒子』，我哪有工夫理這個！但幸好她又回去看這個由三十歲的安德利亞斯．佛戈瑞西（Andreas Fogarasi）設計的作品，發現每個黑盒子裡頭都有一部錄影，對「烏托邦的失敗有著非常安靜、複雜、詩意與有趣的沉思」。

我覺得對代表民主國家的展覽館看得差不多後，我離開賈丁尼展場。展場大門外與販賣明信片與嘉年華會面具的售物亭外，有一個臉上塗滿白粉的人站在一個箱子上表演默劇，他擺出的是一系列跟巴洛克時期有關的雕塑姿勢。他旁邊是一個賣恤衫的小販，恤衫上面是諸如歌手保羅・麥卡錫（Paul McCarthy）與畫家普林斯等人的面孔。我設法跳上一艘適巧停下來的水上計程車，要過到湖對岸，前往烏克蘭館。雖然藝術世界已經占據了威尼斯，此刻還是有一些觀光客出沒。水上計程車沿著大運河上行時，呼嘯駛經五艘鳳尾船身旁，上面滿載著日本觀光客，他們身上披掛著照相機與遮陽傘。鳳尾船的舵手穿著傳統的黑白相間襯衫，這一船的舵手與那一船的舵手熱切交談，一邊漫不經心地划著船前進。出席雙年展的人卻無人有此閒暇乘坐鳳尾船遊河。

烏克蘭館的主題是「內陸海的一首詩」，展出地點是榮華中已露出滄桑的帕帕多波里宮（Palazzo Papadopoli），展出的經費完全由藝術世界的新人億萬富翁皮初克承擔，策展人彼得・杜洛申科（Peter Doroshenko，烏克蘭裔、美國出生）面對的最大難題是：如何讓世人對烏克蘭的了解從出口伏特加酒、鋼鐵與時尚模特兒，擴大到它的藝術家身上。他後來決定混合採用四名烏克蘭藝術家與四名頗具知名度的西方藝術家作品，包括在英國出生與住在美國的提奇納。我想要看一眼展出的作品，但是要將我帶到靠運河前門入口的守衛，卻在閉館時刻將我帶到後門。我發現提奇納站在館後的花園草坪上，他的上方就是他的一幅作品，一個上面寫著「我們是烏克蘭人，其他還有什麼關係？」的大看板。他已經連續答覆記者的提問七小時，此刻僅能對我說：「我的力氣已經『說』完了。」皮初克忙著要攝影記者替他照全家福，也把提奇納拉進來照了一張。提奇納對著鏡頭微笑了一下，然後又回到我旁邊。我一手拿著藍色的小筆記本，一手拿著筆，滿心期待地看著他。他站定後又不斷移動雙腳，最後聳聳肩說：「要呈現另外一個國家的問題跟呈現自己國家的一樣多。」

藝術世界是平的

又游完幾圈後，我休息了一會兒，我游泳時注意到池中也有一位男士極為嫻熟地游著蛙式。這位五十五歲的商人來自羅馬，喜歡蒐集當代義大利藝術品。他對威尼斯雙年展有很多不滿。首先他不滿意全球最重要的國際藝術展覽的主辦國，對當代藝術沒有太多的官方與社會支持。「我們沒有英國協會或歌德研究院，只有幾間藝術館，大多數的城市沒有當代或現代美術館」；他認為雙年展讓政府脱卸了責任。第二，雙年展的義大利色彩不足！「一直到今年之前，我們都沒有像樣的義大利館，因為義大利國際館是國際的展覽場地。本土藝術家的機會這麼少，他們都搬到紐約或柏林去了。義大利最知名的當代藝術家——卡特蘭、維尼莎・碧克洛芙（Vanessa Beecroft）、維佐利，全都住在國外。」這位收藏家告訴我他大多在米蘭買畫，那裡有些非常不錯的畫商，但是很少畫商能夠成功輸出代理的藝術家。「米蘭，甚至杜林……，尤其是羅馬，問題出在藝術家所做的表述都留在那裡，走不出去。」

新的義大利國內館在阿森納爾展場內，離賈丁尼展場約有十分鐘路程。這些古老的海軍船塢在雙年展期間闢出了大約一公里方圓那麼大的展場。雙年展的員工在這裡分發免費的飲用冰水，也開高爾夫球車接送大會相關人士。雖然阿森納爾展場內展出的是史托爾選擇的藝術（作為國際展的延伸），今年裡面卻有一個地區館（非洲）與三個國家館（中國、土耳其與義大利）。義大利國內館今年的主角是吉賽帕．帕諾內（Giuseppe Penone）與維佐利；前者是義大利「貧窮藝術」（Arte Povera）運動的健將之一，而後者在威尼斯雙年展舉行之際可說是紅得發紫。我到達位於阿森納爾會場一隅的義大利館時，年輕英俊的維佐利正滿頭大汗地接受英國《衛報》記者席根斯的訪問。國際媒體迷上了維佐利的《民主狂》（Democrazy）電影作品，有關這項創作的報導，不僅出現在許多國家報紙的藝術版上，甚至出現在政治版上。

當然《民主狂》是絕佳的報導題材。維佐利請到華府兩位知名的政治名嘴馬克．麥金農（Mark McKinnon）與比爾．納普（Bill Knapp），兩人合寫了一個假設性的電影劇本，拍攝兩名美國總統候選人競選的宣傳選戰；好萊塢影星莎朗．史東與法國哲學家李維分別飾演兩黨候選人。維佐利的作品沿著一個有紅地毯與藍牆的圓廳展出，兩名候選人開口時彷佛在彼此叫吼辱罵。維佐利要表現的可能就是布拉茲維克所謂「烏托邦反面的表述」。維佐利自己的解釋是，「選擇某人代表一國的藝術，跟選擇某人代表一國的政治，其實沒有太大的分別」。另外，他明顯地將十足的美國內容帶進了「義大利館」。「我們已經被西爾維奧・貝盧斯科尼（Silvio Berlusconi）總理統治了四年，這個人靠販賣美國肥皂劇給義大利觀眾來壯大自己的事業。如此看來，我的設計實際上比一般人所以為的傳統義大利更義大利；它的視野由全球反射回地方（glocal）。」

●藝術與影藝娛樂之間的界線逐漸消失

義大利版的《浮華世界》（全義大利最暢銷的週刊）以十頁的篇幅報導這則封面故事。維佐利說：「義大利報攤上出現『莎朗史東競選總理』的訊息，不僅好笑，對我來說更是完完全全的短路。這種強勢競選廣告讓我幾乎以為它是作品內容的一部分。」維佐利經常探討名人與操控媒體之間的相互影響，「如果我有經費，我會在全義大利境內舖天蓋地撒下海報，並在電視上買廣告為『莎朗史東競選總理』宣傳。」維佐利作品受到廣大的注意固然令他欣喜，但對他來說高潮來自其他地方。他說：「最超現實的大驚奇時刻是義大利副總理兼文化部長佛朗切斯科・魯泰利（Francesco Rutelli）來到義大利館參展。大家都把魯泰利看作義大利政壇的帥哥，他太太則是義大利的知名記者。他簡直就是我虛構故事中的真正化身。」

維佐利認為威尼斯雙年展就像坎城電影展，「藝術與影藝娛樂之間的薄弱界線逐漸消失，兩方面都可能以愈來愈相同的策略前進；或許藝術家也垂涎更多的注意力與更多的創作經費。如果我不能做成功的藝術家，我可能會成為二流的媒體鉅子。」許多藝術家希望為不懂藝術的人啟蒙，但維佐利卻承認他「有一個弱點，對群眾極為迷戀——不是那種愚蠢的商業形式，而是對我作品的「廣大可讀性」有著高度的敏感」。他在二〇〇一年的威尼斯雙年展中，推出了由超級名模擔綱演出的《葳若莎卡在此》（Verushka Was Here）影片，而他二〇〇五年的《卡里古拉》（Caligula）更是雙年展中最轟動的話題之一。維佐利也因此深知威尼斯的收視心理，「你被邀請參加威尼斯展時，需要面對的挑戰是如何應付人們極短的注意力。這對我們當中接受的藝術教育來說非常荒謬，因為我們受的教育告訴我們，創作計畫要有很長的準備時間，而且要慢慢分析。」

雖然維佐利仍會回他在布雷西亞（Brescia）的老家探望父母，卻經常在全球各地奔波，「我放棄了自己的房子與工作室，把所有的錢都花在旅行上。這樣做壓力很大，但我為了要到各地了解自己的創作掀起的連鎖反應，我也只有這樣做。」我說，住在外國會加強一名藝術家的養成教育，不僅可以訓練他們的思維超越原本的文化限制，也可以讓他們進一步了解國際對其創作的觀感，維佐利點了點頭，又補充說：「真正認真的評審經常在旅行，他們會看遍所有的雙年展與畫廊展出。因此，很抱歉，為了要讓作品達到他們的期待，我必須觀看完全是同樣的東西。這樣說很恐怖，但卻是真的。我感覺藝術家為了生存經常不自覺地這樣做，好讓自己的靈感能夠保存下來。」

●找出遊戲規則將藝術重新展現

從齊普里安尼酒店的游泳池的另一端，看得見聖喬治馬焦雷教堂（San Giorgio Maggiore）的圓頂與尖塔，它也是泰納最著名的水彩書主題。泰納有不少有關聖喬治馬焦雷市的繪畫，但他只到過威尼斯三次，而且每次都是匆匆忙忙，總共加起來的時間也不到三週；他的視覺記憶再強，也需要速寫輔助，將建築的線條與形狀記下來，並迅速為當地的海面與天空上色。

在威尼斯，我體驗到的最有效快速談話是與漢斯．厄里克．歐布希特（Hans Ulrich Obrist）之間的對話。這位瑞士出生的策展人，經常在全球各地旅行，也是二〇〇三年威尼斯雙年展「烏托邦站驛」（Utopia Station）的策展人——此項展覽引發了不少爭議。在某些人眼中，這項展覽是策展創新的一個標記，然而另外也有一些人認為它一蹋糊塗。他目前擔任倫敦「蛇形美術館」（Serpentine Gallery）副館長，一名同僚形容這個職位是「全球正式的自由身分策展人」。我第一次遇見歐布希特時，覺得他好像是來自外星的奇異訪客，但我現在對他的創意實在是欣賞兼佩服有加。他的精力充沛、慷慨過人，他表示偶爾會看見讓自己「激動得連續一週睡不著覺」的展覽。雖然歐布希特認為代表各國的國家展館有些老式與過時，但他不會加以廢除，正因為它們有其受限之處。他說：「我常想如果有年英國可與法國互相交換展出場所，德國可與瑞士交換，那就太好了。我會如此建議。」

有天早上我們在一個廣場上的露天咖啡館中約好喝咖啡，廣場上安靜得只聽得見遠方的教堂鐘聲。我打開數位錄音機後，他也打開了話匣子。歐布希特認為採訪跟寫稿一樣，是一個重要的研究工具，他自己也做過大約兩百五十五次的採訪，而且曾經在全球不同的城市，進行過一個公開的二十四小時馬拉松採訪，與數項迷你的八至十二小時的採訪。

歐布希特最近訪問過九十歲的英國史學家艾瑞克·霍布斯邦（Eric Hobsbawm），「霍布斯邦說，如果要用一句話來形容他的一生，他會用『對遺忘表達抗議』這樣一句話。我想這句話也是策展的最佳定義。」他微笑地表示：「展出成功的標準是看長時間內能夠產生什麼。」好的雙年展會活在人的記憶裡面，他說：「它會界定那十年的意義何在。我們看過那麼多的雙年展，但最後真正有意義的並不是太多。最好的會留下來——即使因為當時太年輕而沒有看見，但是如果我們看一下展出目錄、聽一下年紀較長的藝術家的心得，我們知道塞里安一九七六年策畫的傳奇性雙年展在歷史上有不朽的地位。人不會忘記他的雙年展，因為他有一項有趣的遊戲規則——他將整體的展出藝術重新展現，而不是任由單一的作品自己表演。」

當歐布希特到雙年展參觀時，他要看的是「遊戲規則」。他感覺「主題」很無聊，因為「你只是在加以說明而已」，作品之間「一定要有些關係或連結，就像音樂樂譜一樣」，否則的話「我們只會說展覽中有五到七件極好的作品」。歐布希特這時看著他的黑莓機，但是談話速度並未明顯放慢，「我們會記得推出一種新型態的展覽；它可能是新的規則或是新的展出特點，要不就是某種新的發明。喬治·培瑞克（Georges Perec）寫了一本完全不用英文字母「e」的小說，我想我們可以從中學到一點東西。」

「一個好的雙年展會具體呈現藝術的異質性，我想是法國後現代主義哲學家吉兒·德勒茲（Gilles Deleuze）說的：『處在事務當中，卻在虛無的中心』，策展有一部分跟對虛無中心的複調音樂做出貢獻、讓藝術世界更多樣化更豐富有關。」歐布希特說話之際發了一封電子郵件，他同時處理數件事情的本領令人稱奇。如果換成別人這樣做，你可能會覺得無禮，但是他卻因為投入性地忘我，而讓你不以為忤。

「威尼斯是突然的合成體；中國、中東與拉丁美洲——我們逐漸開始發現他們不同的現代化、不同的過去。藝術世界直到最近才開始注意到這些文明，我想是二〇〇三年威尼斯雙年展的策展人法蘭西斯科．波奈米（Francesco Bonami）考慮到這個情況。他未事必躬親，反而延攬了十一位同僚，包括歐布希特在內，合力策劃了「夢想與衝突」雙年展。雙年展開幕時不幸碰上熱浪來襲，加上因為邀請了四百多位藝術家展出，包括《藝術論壇》在內的多家藝術雜誌，紛紛撻伐波奈米推卸策展責任與展出浮濫。不過後來很多人對那一年的雙年展重新加以評估，當年的大手筆後來贏得了尊敬或懷念。歐布里斯說：「一位策展人怎麼能掌握住所有的事情？擴大了地盤，就容易失去重心。過去十年來我不停進出中國，過去十八個月裡，我也開始密集對中東做研究，多次前往阿拉伯聯合大公國、開羅與貝魯特。你無法對全世界每個地方都這樣幹。」

● 地點為我們的經驗加上了色彩

那天晚上我在美國館於皮薩尼宮（Palazzo Pisani Moretti）一樓舉行的派對上，與佳士得的卡培拉佐重逢。宮殿的外牆是十五世紀的歌德建築風格，但裡面卻重新裝修成豪華的十八世紀風格；洛可可裝飾的天花板、大吊燈與水磨石地板，見證著威尼斯共和國時期崇尚享樂的無數化裝舞會曾在這裡舉行。不過今晚派對的貴賓岡薩雷茲－托雷斯已經去世，因此派對非常低調。卡培拉佐站在一面大窗戶旁，目視夜幕籠罩中的大運河。由於她在節節高升的藝術市場中能夠「撐起半邊天」，我請教她「展館對一位藝術家有怎樣的影響力」這個問題。她說：「其實它不會比你想像中的更清楚與明顯。以薩雷茲－托雷斯來說，展館強化了他的偉大，也凸顯出他作品稀少的事實，但他的地位並不受影響。不過對年輕、尚活著的藝術家而言，展館倒可能有非常大的影響力，可以讓本土的英雄登上國際舞台。」卡培拉佐向黑色的夜空揮手說：「你看這裡，沒有汽車，也沒有消防栓，每棟建築外都有一道護城河，是『地點』在我們的經驗上加上了色彩。在一個風情特殊的地點推出精心策劃的展覽，還有什麼比這更有說服力？」卡培拉佐認為威尼斯雙年展跟人不曾履現的幻想有關，「人在這裡不只是希望看見讓他們終身難忘的藝術品，或是在某個酒吧與心儀的藝術家不期而遇，每個人都私下期待美麗動人的事物會發生在他們身上。」

回到齊普里安尼酒店，我把該游的泳游完。小說家史考特・費茲傑羅（Scott Fitzgerald）曾經形容寫作是「屏住呼吸在水中游泳」；勞倫斯・艾洛威（Lawrence Alloway）曾經將威尼斯雙年展形容為「金魚缸裡的前衛藝術」。我躺在池畔，思索著這兩股互相衝突的思潮，注視著藍色的池水，我想起另外一次邂逅。

我在賈丁尼展場參觀時遇見卡普爾。他在一九九〇年代表英國參加威尼斯雙年展，因此我問他「你對那一年最鮮明的記憶是什麼」，他回答：「嗯，我覺得他們好像在我身上冒險。我不是英國人；雖然住在英國多年，拿的卻是印度護照。我大概是英國館參展人當中最年輕的一個了。那個時代迷戀年輕人的風氣剛剛開始，當然現在一切都看你是不是年輕，可是那時不是這樣。」卡普爾陷入沉思中，後來又含笑說：「我記得……可能是那年預展的頭一天，有幾千人在場（當然每年都如此），午餐時刻，我走到賈丁尼展場附近一家比較高檔的餐廳，一進去，餐廳裡每個人都站起來鼓掌。」他一臉不可置信地看著我說：「那完全不是事先安排，我只是一個年輕的小夥子而已，卻受到如此殊榮。真是太奇怪、太棒了。」

後記

本書七章記述的是藝術世界中的七天，它們實際進行的時間是：「佳士得拍賣會」，二〇〇四年十一月十日星期三；「加州藝術學院藝術批評教室」，二〇〇四年十二月十七日星期五；「巴塞爾博覽會」，二〇〇六年六月十三日星期二（若干場景會面時間是二〇〇四年六月十五日星期二）；「泰納獎」，二〇〇六年十二月四日星期一；「藝術論壇雜誌」，二〇〇七年二月十四日星期三；「村上隆工作坊」，二〇〇七年七月六日星期五；「威尼斯雙年展」，二〇〇七年六月九日星期六。

本書採用「民族文化誌」的寫作手法。它是一種發軔於人類學的寫作類型，主要研究方法是「參與性觀察」。所謂「參與性觀察」，使用的是若干側重品質的工具，包括第一手的經歷、仔細的視覺觀察、專心聆聽、非正式採訪、正式的深入詢問，以及分析關鍵性紀錄文件，一如幼兒透過觀察與介入的過程，學習如何說話與走路。參與性的練習通常會改變研究者，我們會帶著開放的頭腦接近我們選擇的地帶，而這樣做的同時，思維通常也會隨之變化。

藝術市場七日遊：天價藝術品，這麼貴到底誰在買啦！／
莎拉 ・ 桑頓 (Sarah Thornton) 著；
李巧云譯 ・── 初版 ・──
臺北市：時報文化，2015.12
336 面；15×21 公分 ・──(Hello Design 叢書；010)
譯自：Seven days in the art world
ISBN 978-957-13-6447-6（平裝）
1. 藝術市場 2. 藝術展覽 3. 拍賣 4. 藝術評論

489.71 104021279

Hello Design 叢書 010

Seven Days in the Art World
藝術市場七日遊──天價藝術品，這麼貴到底誰在買啦！
（藝術市場探密 2015 全新封面改版）

作者─莎拉・桑頓（Sarah Thornton）｜翻譯─李巧云｜主編─Chienwei Wang ｜美術設計─Peter Chang ｜執行企劃─劉凱瑛｜董事長─趙政岷｜總編輯─余宜芳｜出版者─時報文化出版企業股份有限公司─108019 台北市和平西路三段 240 號 3 樓｜發行專線─(02)2306-6842・讀者服務專線─0800-231-705、(02)2304-7103・讀者服務傳真─(02)2304-6858 ｜郵撥─19344724 時報文化出版公司・信箱─10899 臺北華江橋郵局第 99 信箱｜時報悅讀網─http://www.readingtimes.com.tw ｜法律顧問─理律法律事務所─陳長文律師、李念祖律師｜印刷─盈昌印刷有限公司｜二版一刷─2015 年 12 月 18 日｜二版二刷─2020 年 8 月 28 日｜定價─新台幣 350 元｜版權所有─翻印必究（缺頁或破損的書，請寄回更換）
ISBN 978-957-13-6447-6 ── Printed in Taiwan

時報文化出版公司成立於一九七五年，並於一九九九年股票上櫃公開發行，
於二〇〇八年脫離中時集團非屬旺中，以「尊重智慧與創意的文化事業」為信念。